U0155943

2021 SHENZHEN
MARINE INDUSTRY
DEVELOPMENT
REPORT

2021年度
深圳市海洋事业
发展报告

深圳市规划和自然资源局（市海洋渔业局）◎编著

中国经济出版社
CHINA ECONOMIC PUBLISHING HOUSE
北京

图书在版编目（CIP）数据

2021 年度深圳市海洋事业发展报告／深圳市规划和
自然资源局（市海洋渔业局）编著 . --北京：中国经济
出版社，2023. 3
　　ISBN 978-7-5136-7257-3

　　Ⅰ . ①2… Ⅱ . ①深… Ⅲ . ①海洋经济-经济
发展-研究报告-深圳-2021 Ⅳ . ①P74

中国国家版本馆 CIP 数据核字（2023）第 041827 号

责任编辑　赵静宜
责任印制　马小宾
封面设计　久品轩

出版发行　中国经济出版社
印　刷　者　北京力信诚印刷有限公司
经　销　者　各地新华书店
开　　本　880mm×1230mm　1/32
印　　张　5.375
字　　数　110 千字
版　　次　2023 年 3 月第 1 版
印　　次　2023 年 3 月第 1 次
定　　价　88.00 元
广告经营许可证　京西工商广字第 8179 号

中国经济出版社 网址 www.economyph.com 社址 北京市东城区安定门外大街 58 号 **邮编** 100011
本版图书如存在印装质量问题，请与本社销售中心联系调换（联系电话：010-57512564）

《2021年度深圳市海洋事业发展报告》
编辑委员会

前　言 PREFACE

　　海洋是高质量发展战略要地，是融入世界的大通道，是支撑我国打造国内国际双循环相互促进新格局的重要载体。2021 年是"十四五"时期开启全面建设社会主义现代化国家新征程的第一年，也是深圳建设全球海洋中心城市的关键年。

　　深圳濒临南海，毗邻港澳，位于"一带一路"的重要节点、粤港澳大湾区的核心区域，海域（不含深汕特别合作区）主要由珠江口、深圳湾、大鹏湾、大亚湾组成，海域规划面积为 2030 平方公里①；海岸线总长 260.5 公里（不含深汕特别合作区）②，分为西部岸线和东部岸线，西部岸线自宝安东宝河口至福田深圳河河口，东部岸线自盐田沙头角至大鹏坝光，其中自然岸线为 100.4 公里，人工岸线为 160.1 公里，海洋资源丰富，在发展海洋事业和服务海洋强国建设方面具备得天独厚的优势。新时期，深圳被赋予建设中国特色社会主义先行示范区、粤港澳大湾区核心引擎、全球海洋中心城市等重大战略使命。《深圳市海洋经济发展"十四五"

---

　　① 来源于《深圳市国土空间总体规划（2020—2035 年）》（在编）。
　　② 2018 年海岸线修测数据。

规划》提出，以建设"全球海洋中心城市"为总目标，构建统筹海洋经济发展格局，推动高质量发展，加快向海发展步伐，打造全国海洋经济高质量发展引领区、全球海洋科技创新高地，努力创建竞争力、创新力、影响力卓越的全球海洋中心城市、社会主义海洋强国战略的城市范例。

《2021 年度深圳市海洋事业发展报告》是服务于深圳建设全球海洋中心城市的年度主题报告，围绕海洋产业、海洋科技、海洋生态文明、海洋开放合作和海洋综合管理等全球海洋中心城市建设内容，总结 2021 年深圳海洋事业年度主题，呈现 2021 年深圳海洋事业亮点和成绩，展示全球海洋中心城市建设新动态和前景。

在深圳市规划和自然资源局（深圳市海洋渔业局）的牵头和指导下，综合开发研究院（中国·深圳）可持续发展与海洋经济研究所和深圳全球海洋中心城市建设促进会联合课题组承担了《2021 年度深圳市海洋事业发展报告》的研究和撰写工作，各章节执笔人如下：

第一章 2021 年海洋事业全球动态与深圳成就（张洪云 罗晓玉）

第二章 海洋产业——强化全球海洋竞争优势（冯猜猜 杨阳 陈美婷）

第三章 海洋科技——嵌入全球海洋科创网络（冯猜猜 丁骋伟）

第四章 海洋生态文明——凸显"蓝色文化"城市软实力

（周余义　蔡冰洁）

第五章海洋开放合作——彰显全球海洋中心城市国际影响力（安然　周菁）

第六章海洋综合管理——海洋事业改革创新走在前列（罗晓玉　张洪云）

第七章深圳海洋事业发展展望（张洪云　罗晓玉）

衷心地感谢深圳市政府各部门、各区政府部门、深圳市海洋相关协会及海洋企业的支持，感谢全体编写组成员的辛勤付出。《2021年度深圳市海洋事业发展报告》是深圳首份向社会公开出版的年度海洋事业发展报告，编写组希望该报告能有助于政府部门决策，更希望其有助于社会各界了解和参与深圳全球海洋中心城市建设。本书中所提观点来源于编写组的认识，作为首次尝试，难免有不妥之处，敬请各界批评指正。

《2021年度深圳市海洋事业发展报告》编辑委员会

2023年3月

目 录 CONTENTS

第一章

2021年海洋事业全球动态与深圳成就

第一节　全球动态

一、全球海洋战略行动纷纷出台

2021 年联合国、欧洲、美国以及我国等纷纷出台海洋战略措施，海洋事业发展受到全球普遍重视。

——联合国启动"海洋科学促进可持续发展十年"

自 2017 年第 72 届联大通过决议宣布 2021 年至 2030 年为"海洋科学促进可持续发展十年"（以下简称"海洋十年"），2021 年 1 月"海洋十年"正式启动。联合国发布《海洋科学促进可持续发展十年（2021—2030 年）实施计划摘要》，包括"海洋十年"的愿景、目标、预期成果、面临的挑战、行动框架、管理和协调机制、评估程序等内容；明确"构建我们所需要的科学，打造我们所希望的海洋"的愿景；提出三大行动目标：确定可持续发展所需的知识，提高海洋科学提供所需海洋数据和信息的能力；开展能力建设，形成对海洋的全面认知和了解，包括海洋与人类的相互作用、海洋与大气层和冰冻圈的相互作用以及陆地与海洋的交互关系，加强对海洋知识的利用以及对海洋的了解，开发有助于形成可持续发展解决方案的能力。

2021 年 6 月，教科文组织政府间海洋学委员会（UNESCO-IOC）正式宣布"联合国海洋科学促进可持续发展十年"期间的 60 多项获批倡议与计划，首批"海洋十年"计划由科学界、政府、公民社会、联合国机构、私营部门、慈善机构和国际组织牵头，体现了广泛的全球参与度。

专栏 1-1 "联合国海洋科学促进可持续发展十年"获批的代表性倡议与计划一览表（2021）

——美国（4 项）

1. 项目名称：珊瑚礁的希望

实施单位：加州科学院

这是加州科学院的一个重点项目，旨在扭转地球珊瑚快速衰退的趋势。从建立永续渔场和海洋保护区到实现珊瑚礁恢复，未来五年，加州科学院将与当地社区以及其他利益关联方一齐推进一系列有影响力的干预措施。并且还会将社区珊瑚礁监测的模式推广到国家层面，提高各方对珊瑚礁灾难事件的反应速度，应用新技术监测、预测和再生珊瑚礁健康。此外，加州科学院还会

利用世界一流的教育项目和斯坦哈特水族馆来激励与培养未来多元化的珊瑚科学家，同时还会支持由新兴环保领袖组成的全球青年团为珊瑚礁进行宣传。

2. 项目名称：地壳海洋生物圈加速器

实施单位：毕格罗海洋科学实验室

目前，人类迫切地想运用海洋环境，比如深海采矿和碳固存，但我们对地壳海洋生物圈的生态状况以及它们复原能力的认知都还不够充分。因此，这个项目将会集科学家、私人机构、政策制定者和其他利益相关者，组成国际团队以达到对各方有利的目标，这将催化有关地壳海洋生物圈新知识的产生并为决策者提供相关的决策信息。与此同时，这个项目还将以虚拟探险的方式培养一群对海洋探索和政策制定有领导力的领袖，从而促使整个团队合作、多元、公平和包容。

3. 项目名称：微生物星球的化学货币中心

实施单位：伍兹霍尔海洋研究所

地球上四分之一的碳来源于海洋微生物的光合作用。这些分子有助于实现全球碳循环、为生命提供必需的营养物质、维持海洋食物链，从而确保海洋环境健康且富有生机。基于此，微生物星球的化学货币中心将运用最新的数据科学和分析方法，使用新的海洋采样技术和科学研究框架，吸引教育工作者和决策制定者参与其中，从而使他们能更深入地理解那些既支撑着海洋生态系统又对我们的日常生活产生重要影响的化学物质以及微生物代谢过程。

4. 项目名称：MIGRAVIAS：以海洋泳道连接海洋保护区，保护濒危物种的迁徙路线和重要栖息地

实施单位：MigraMar

尽管采取了监管措施并建立了海洋保护区，但许多濒危洄游物种的生存状况在过去的二十年中继续恶化。这个项目（MIGRAVIAS）旨在为沿着可预测路线移动的物种提供切实的保护，并帮助它们培养对气候变化的适应能力，通过这样的方式扭转濒危海洋物种生存状况恶化的趋势。MigraMar（组织该项目的联盟）将与各国政府合作，确定并保护至少七条连接东太平洋地区海洋保护区的泳道。这个倡议涉及多领域的跨界合作，包括数据收集、分析、管理、执行以及可持续且公平地利用所产生的惠益方面等。

——英国（3 项）

1. 项目名称：海底采矿及对实验冲击的恢复力

实施单位：国家海洋学中心

本项目旨在为降低深海多金属结核开采风险提供关

键的科学知识和依据。项目团队已经获得了数据并开启测试计划，以十年为项目周期对现实中采矿的影响和恢复进行详细的实验评估，这对理解深海采矿的长期可持续性至关重要。该项目旨在更好地了解太平洋深渊中的生态系统，以及其不同组成部分如何相互作用和相互连接。

2. 项目名称：海洋时代，海洋智能

实施单位：海洋时代

"海洋智能"打破了曾经看似不可调和的人类困境，从而使来自海洋的威胁变得可以理解、可以承受，同时世界各地的人们还会采取一些实际行动来恢复与海洋的持续性关系。

3. 项目名称：全球海洋生物多样性倡议

实施单位：全球海洋生物多样性倡议组织

这个项目是一种国际伙伴关系，旨在为保护海洋生物多样性提供科学依据，这个项目提供了专业技术、知识，通过协助不同国家与地区开发和使用相关的数据与方法，支持了《生物多样性公约》，同时还完善了具有生态学和生物学意义的海洋领域。此外，这个项目还进行了相关研究并取得了一些新的知识性成果，这些成果将被用于对海洋环境的保护、管理和可持续性利用。

——加拿大（10 项）

1. 海洋跟踪网

实施单位：达尔豪斯大学

这是一个全球伙伴关系，它利用地域网络和来自学术界、政府、非政府组织、工业界、当地社团以及当地的利益相关者一起开发科研人员所需的科学基础设施和数据系统，从而为研究工作者提供用于跟踪海洋动物的移动、生存、分布、栖息地使用和迁移路径的研究设计。然后，将这些受到认可的数据进行管理和发布，这个项目既向大家传达了相关知识，也赋予利益相关方权利进行政策制定和决策实施。

2. 项目名称：培养妇女和青年对海洋经济的贡献能力

实施单位：DOTCAN 研究所

该项目旨在加强西非小岛屿国家和其合作伙伴的新型能力，并将其与其他专业知识联系起来。该项目侧重于虚拟培训项目，目标是通过培养目标人群的海洋技术、海上安全操作以及相关商业知识来促进他们对海洋经济做出贡献，该项目试点将重点关注妇女和青年参与者。

3. 项目名称：海洋学校全球社区项目：通过社区参与建立海洋素养

实施单位：达尔豪斯大学

该项目旨在通过开发新方法来创新地解决海洋问题，推进相关知识创造和共享，并通过海洋学校平台，运用多种工具和方法（4种语言）来增强加拿大北极地区和秘鲁等地区应对海洋挑战的能力。一旦框架建立，这个项目未来将有可能拓展到其他国家和地区。

4. 项目名称：第一民族：在英属哥伦比亚设立值得信赖的众包水深测量服务

实施单位：CIDCO

项目将采用众包方法在卑斯喀省沿海偏远地区收集水文数据，旨在通过参与、培训和知识转移来建设土著社区的相关能力。

5. 项目名称：基于社区环境基因学监测北部渔业近岸地区的生态恢复力

实施单位：eDNAtec

该项目以 eDNA 技术为重点，进行生物多样性评估，为建立重要经济物种栖息地模型提供信息，通过科学方法和合作项目，使当地社区能够通过科学方法参与生物多样性管理。

6. 项目名称：X-Oceans：提高新斯科舍省东北部农村青少年的海洋知识水平

实施单位：圣弗朗西斯泽维尔大学

该项目旨在强化现有资源，对 K12 阶段人群实施创新的教育课程，以实践经验教育农村社区了解和重视海洋。

7. 项目名称：解决加拿大气候变化的蓝碳：模拟海带缓解未来气候变化的潜力

实施单位：维多利亚大学

该项目旨在量化加拿大海带生态系统中的蓝碳潜力，并将对未来海带森林的范围及其减缓气候变化的潜力进行量化评估。这个项目是加拿大对海带分布的首次估计。

8. 项目名称：测绘和改善具有较高价值却受废弃渔具影响的萨利什海

实施单位：马拉哈特部族

该项目将绘制被废弃渔具破坏栖息地的区域，然后再努力移除渔具。

9. 项目名称：推进海洋科学促进土著伙伴关系可持续发展：促进联合国海洋科学持续发展十年的贡献

实施单位：加拿大海洋网络协会

这个项目将以一个小组来确定十年中加拿大海洋科学事项发展次序并进一步促进其发展，该项目的相关倡议还将在沿海土著社区内宣传十年。

10. 项目名称：在加拿大推动联合国十年的海洋知识普及

实施单位：加拿大海洋网络协会

该项目旨在促进海洋知识普及，它将通过开发新的测量框架来衡量人们的海洋知识水平，并进一步促进加拿大海洋科学界声音的多样性。

——阿根廷（1项）

项目名称：全球气候变化背景下的沿海城市可持续发展

实施单位：海洋和海岸研究所

这个项目将调查城市化和其他人为因素（如休闲、农业和畜牧业、港口、休闲手工渔业）以及气候变化对沿海的布宜诺斯艾利斯省的生态系统功能（如生物地球化学循环、生物生产力）和服务（如渔业、旅游、养护、营养物和污染物过滤/保留、大气二氧化碳固存、沿海侵蚀防御）所造成的影响。这里是阿根廷城市化程度最高的海岸，这个项目有望为这里的生态系统保护和可持续利用做出贡献，同时也会为利益相关者提供科学信息和建议，实现民众科普以及调动利益相关者参与进来是这个项目成功的关键。此外，高质量的人力资源（硕士、博士和非学位课程）将会是这个项目的副产品。

——法国（1 项）

项目名称：马约特天文台的研究和反应

实施单位：法国海洋开发研究院

这个项目将通过把陆地观测能力扩展到海洋领域，从而为法国科学界提供所需的移动和电缆设备，以推进对地球变形、地震活动、海啸、火山活动以及海洋和沿海地区几个关键环境问题的研究。

——美国启动《蓝色经济战略计划（2021—2025 年）》

2021 年 1 月，美国国家海洋与大气管理局（NOAA）发布《蓝色经济战略计划（2021—2025 年）》，将重点通过内部行动推进美国在五大领域的发展，并提出三大战略方向和七大行动目标。

五大领域：重点聚焦海上运输、海洋勘探、海产品竞争力、旅游休闲及沿海韧性等五大领域。

三大战略方向：加强并改进有助于美国蓝色经济的 NOAA 数据、服务和技术资源；与合作伙伴合作，支持有助于美国蓝色经济发展与可持续增长的商业和创业活动；发现并支持有助于加快国家经济复苏的蓝色经济领域增长。

七大行动目标：促进 NOAA 对海上运输的贡献；绘制、勘探并表征美国专属经济区；实施《关于提升海产品竞争力与经济增长的行政命令》；进一步扩展美国海洋、海岸和五大湖地区的旅游和休闲业机遇；增强美国海洋、海岸和五大湖社区韧性；通过提升交叉重点领域支持美国蓝色经济可持续发展；利用跨领域外部机遇发展壮大美国蓝色经济。

此外，美国 NOAA 与 TOF 联合推进海洋科学发展。2021年 1 月，NOAA 宣布与国际海洋基金会（TOF）建立合作关系，以开展国际和国家层面的科学合作，从而促进人类对全球海洋的研究、保护和认知。此次合作旨在提升发展中国家研究、监测和应对海洋酸化挑战的科学能力，强调了在以下五个方面的优先合作：了解气候变化和海洋酸化及其对海洋和海岸的影响；提高沿海复原力，加强适应气候变化与海洋酸化的能力；保护和管理特殊海洋地区的自然和文化遗产，包括国家海洋保护区系统和国家海洋遗迹；推进国家河口研究储备体系建设；促进美国海洋水产养殖的可持续发展，以支持健康、富有生产力的沿海生态系统和地方经济。

——欧盟发布《2021 年度蓝色经济报告》

强调欧盟在波浪能和潮流能技术方面全球领先，指出欧盟应重点发展海洋生物资源利用、海洋非生物资源利用、海洋新能源（海上风电）、港口活动、修造船、海洋交通运输和滨海旅游等七大蓝色经济传统产业，聚焦发展新兴海洋能（波浪能、潮流能、潮汐能、盐差能、温差能、浮式海上风电、浮动太阳能光伏和海上制氢等）、蓝色生物经济和生物技术、海洋矿物、海水淡化、海洋基础设施（海底电缆和水下机器人)、海洋研究和教育及海上防御、安全和监视等七大蓝色经济新兴产业。

——中国提出构建"海洋命运共同体"

我国提出以构建海洋命运共同体理念为指引,与各国深化海上互联互通和各领域务实合作,推动高质量共建"一带一路"。在海洋命运共同体理念的指引下,全球各国将共享海洋资源,共同发展海洋经济,实现利用海洋造福人类的目标。中国与数十个国家开展港口共建,海运服务覆盖共建"一带一路"所有沿海国家。中国能源企业在法国、德国等投资海上风电等项目,助力欧盟可再生能源发展;中企承建的越南最大海上风电项目——金瓯 1 号 350MW 风电项目于 2021 年 1 月正式动工。

中国积极推进海洋环境保护、海洋生态系统与生物多样性、海洋政策与管理等多方面国际合作:同葡萄牙、欧盟、塞舌尔等建立蓝色伙伴关系,推动成立东亚海洋合作平台、中国—东盟海洋合作中心等区域性平台,在 21 世纪海上丝绸之路沿线国家推广应用自主海洋环境安全保障技术。

二、全球海洋"数字化"加速推进

数字化是世界海洋经济发展的内生动力。物联网、云计算、大数据等智能信息技术正在推动海洋经济向智能化和信息化发展,数字经济与海洋产业深度融合,包括建设海洋新型信息基础设施、推动海洋渔业数字化、推动港口物流数字化转型和发展海洋产业大数据经济等。海洋技术开发逐步向数字化方向发展，包括传统海洋设备智能化升级，以及人工智能技术、大数据技术和云计算技术等新兴技术在海洋领域应用。目前，世界各国都在积极投入"数字海洋"和"智慧海洋"平台建设，如美国和加拿大制定的"海王星"计划、日本的"ARANA"计划、非洲沿海 25 国的"非洲近海资源数据和网络信息平台"以及中国的"iOcean"平台等。

2021 年国际海事组织（IMO）和新加坡政府联合开展 IMO-Singapore 项目，计划在试点港口建立海上单一窗口船舶清关系统。具体包括建立船舶清关系统，加强电子信息交换，优化港口业务；利用海上的资源优势，打造多个海上数据中心；开发新技术实现水下航行器等技术的无人化；研发无人机扫描船体腐蚀技术，提高海上生产操作的安全性和有效性。通过信息化、无人化、智能化技术，进一步推动海上数字化转型。

国际上出现建设海上数据中心热潮：

新加坡海上数据中心。新加坡吉宝公司提出建设海上数据中心的构想，探索在拓领集团运营的洛阳海上供应基地开发浮动数据中心公园。2021 年 5 月，吉宝数据中心、川崎重工有限公司、林德燃气新加坡私人有限公司、商船三井和 Vopak LNG 签署谅解备忘录，共同探索供应基础设施的概念开发，以将液态氢（LH2）引入新加坡，为吉宝的数据中心供电。

　　珠海海底数据舱。2021 年 1 月，中国船舶集团旗下广船国际有限公司联合北京海兰信数据科技股份有限公司共同打造的全国首个海底数据舱在珠海高栏港揭幕，标志着我国大数据中心迈进了海洋时代。

　　三亚海底数据中心。三亚海底数据中心示范工程项目首个海底数据舱在天津港保税区临港特种设备制造场地开工建造，标志着全国首个商用海底数据中心示范工程项目开工建造，计划到 2025 年布放 100 个数据舱，建成领先国际的绿色低碳海底数据中心。该项目选址三亚海棠湾，总投资预计超过 90 亿元。海底数据中心项目建设主要分为海底和岸基两大块，将服务器安装在密封的压力容器中，安放在海底，用海底复合电缆供电、并将数据回传至互联网。

　　浙江智慧海洋大数据中心。2021 年我国首个省级智慧海洋大数据中心——浙江智慧海洋大数据中心正式投入运营。浙江智慧海洋大数据中心致力于打造"231"体系架构，即构建海洋大数据资源体系和大数据运营保障体系，建设海洋大数据云平台、集成展示平台和开放创新平台以及面向各领域的专题应用服务群，实现对浙江全省涉海行业信息基础设施的集约利用以及信息资源的融合集成与深度挖掘，打造全国海洋大数据平台建设示范工程。

　　微软海底数据中心。微软海底数据中心位于苏格兰奥克尼群岛，致力于 2030 年实现"碳零排放"和"碳零废物"两大目标，并期望在 2050 年，从大气环境中消除总量为微软公司自 1975 年成立以来的碳排放量总和的碳排放，真正实现"零碳排"。

苏格兰海洋数据中心。英国可再生能源开发商亚特兰蒂斯资源公司提出将在苏格兰数据中心兴建海洋数据中心，利用现有的潮汐发电，并通过专用有线网络供电，有望吸引超大规模数据中心用户入驻。数据中心将有望连接国际海底光缆，提供比伦敦、欧洲和美国更快速、更可靠的联网品质。

日本海底光缆和数据中心。2021 年日本政府设立了约 500 亿日元基金，计划在其县市建设海上数据中心，并分散海底光缆登录地址，以减小城乡差异和增强抵御自然灾害以及潜在破坏的能力。目前光缆以及海上数据中心主要铺设在日本东太平洋一侧，多数集中于东京和志摩等地区。预计未来，会通过铺设海底光缆和建设海上数据中心来实现一条环绕日本的"数字花园城市高速公路"，为日本提供高速和大容量的数字服务。

三、全球海洋"脱碳化"趋势凸显

海洋脱碳化正成为全球趋势。海洋富营养化、海洋缺氧、海上溢油等所造成的经济损失越来越大，海洋塑料污染、重金属污染等问题长期存在且有逐渐向深远海扩展的趋势。海洋微塑料污染机理、重金属污染治理、海洋溢油监测、深远海和南北极海洋生态环境变化等将成为研究的重点方向。2021 年海洋新能源、绿色航运等取得重要进展。

——海洋新能源

世界各国正在制定海上风电发展计划新愿景。根据全球风能委员会（GWEC）的数据，2021 年风能投资首次超过海上石油和天然气。预计 2021 年至 2025 年，全球将安装超过 70GW（吉瓦）的海上风电装机容量，海上风电占全球风能总量的比重将从目前的 6.5% 升至 21%。截至 2021 年，全球已规划海上风电装机容量约达 500 千兆瓦，亚太地区占最大份额，约占总量的 45%，仅中国就约占总量的 12%。

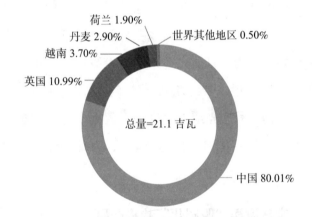

图 1-1 2021 年全球海上风电新增装机情况

资料来源：GWEC《2022 年全球风电行业报告》。

美国能源部（DOE）发布到 2030 年海上风电目标及技术研发重点。2021 年 3 月，美国能源部宣布到 2030 年将部署 30 吉瓦海上风电机组，旨在推进美国海上风电行业发展。2021 年 10 月，美国能源部宣布资助支持海上风电的可持续开发利用，由杜克大学、科德角农场基金会、俄勒冈州立大学和伍兹霍尔海洋研究所共同承接，研究海上风电部署以及如何减少海上风电场建造给海洋生态环境造成的负面影响。

日本更新《2050 碳中和绿色增长战略》。2021 年 6 月，日本经济产业省（METI）宣布将其在 2020 年 12 月发布的《绿色增长战略》更新为《2050 碳中和绿色增长战略》。新版战略提出海上风电发展目标：到 2030 年安装 10 吉瓦海上风电机组，到 2040 年达到 30～45 吉瓦，同时在 2030—2035 年将海上风电成本削减至 8～9 日元/千瓦时。重点任务：推进风电产业人才培养，完善产业监管制度；强化国际合作，推进新型浮动式海上风电技术研发，参与国际标准的制定工作；打造完善的具备全球竞争力的本土产业链，减少对外国零部件的进口依赖。

中国海上风电发展进入关键时期。我国已将风电产业列为国家战略性新兴产业之一，在产业政策引导和市场需求驱动的双重作用下，全国风电产业实现了快速发展，已经成为可参与国际竞争并取得领先优势的产业。根据世界银行数据，中国海上风电开发潜力高达 2982 吉瓦，其中固定式 1400 吉瓦，漂浮式 1582 吉瓦。2021 年为海上风电获得带补贴电价的最后一年窗口期，海上风电开发商加速海上风电项目装机并网。2021 年海上风电迎来"抢装潮"，我国海上风电新增装机达到 10.8 吉瓦，在全球海上风电中超越英国位居第一，增量占比 80%。目前全国各沿海地区海上风电规划及支持政策陆续出台，其中广东、山东、浙江、海南、江苏、广西等地区已初步明确其海上风电发展目标，"十四五"期间，全国海上风电规划总装机量超 100 吉瓦[①]。

越南是亚洲极有潜力的海上风电市场。越南漫长的海岸线带来风力发电优越性，根据世界银行的越南海上风电路线图，到 2030 年越南的海上风电装机容量将达到 5~19 吉瓦，创造约 600 亿美元的总附加值。越南的海上风电市场也吸引许多国际开发商进驻，如日本 Renova、泰国 Super Energy Corp、澳洲麦格理、丹麦哥本哈根基础建设基金（CIP）等。2021 年 2 月越南工商部公告第八版《国家电力发展计划（Power Development Plan 8，PDP8）》草案，设定了 2025 年 12 吉瓦、2030 年 19 吉瓦的风电装置目标，列出目前海上风场潜力场址。

荷兰、新加坡推进海上光伏发电。荷兰公司 SolarDuck 的海上浮动光伏方案"King Eider"获得荷兰测试、检验和认证（TIC）公司 Bureau Veritas（BV）的原则批准（AIP）。这是海上浮动光伏技术首次获得此类批准，第一个 64 千瓦试点项目部署在荷兰近海水域。另外，总部位于新加坡的 Sunseap Group PteLtd 已在柔佛海峡安装了一个 5MWp 浮动海上太阳能电池板。Woodlands 系统是全球最大的海水漂浮太阳能设施之一，预计每年可发电约 6023 兆瓦时，抵消近 4300 吨二氧化碳排放。

---

① 据北极星风力发电网不完全统计。

——绿色航运

航运业承担着全球 80% 的贸易运输任务，航运业占全球温室气体（GHG）排放量的近 3%。脱碳是航运业发展的趋势，全球 11 个国家（阿塞拜疆、伯利兹、中国、库克群岛、厄瓜多尔、格鲁吉亚、印度、肯尼亚、所罗门群岛、南非和斯里兰卡）正在与国际海事组织（IMO）——挪威 GreenVoyage2050 项目合作，支持 IMO 减少航运温室气体排放的初步战略（IMO 初始温室气体战略）。IMO 成员国已承诺，到 2050 年将国际航运的温室气体年排放量与 2008 年的水平相比至少减少一半。

欧、美、日在绿色航运科技研发和应用方面成果丰硕。2021 年，欧洲取得了一系列绿色航运方面的突破，其中挪威相关成果包括提出设计和建造世界上第一艘以氨为燃料的氨油轮、建造首批两艘零排放氢动力船氢能船、绿色氨燃料电池轮船设计获得 DNV 批准。瑞典相关成果包括获得世界上第一艘甲醇燃料领航船、Alfa Laval 获得甲醇燃料锅炉的首个船舶批准。另外，荷兰制造第一艘混合动力电池供电的自卸货船，英国启动开发氢动力舷外机。美国氢燃料电池动力渡轮双体渡轮"海变"（Sea Change）完成首次加油。日本相关成果包括下水首艘电动零排放油轮、资助先进氢/氨动力船舶技术。

四、构建"蓝色海洋"成为全球共识

构建可持续发展的"蓝色海洋"成为全球共识。在全球变化的大背景下，海洋物理环境正在发生全方位的变化；物理环境的变化与人类活动的影响引发一系列全球性海洋问题，其中最受关注的是海洋酸化研究和海洋塑料污染问题。2021年第二次世界海洋评估的科学报告表明，海洋压力将继续增加，酸化、变暖和海平面上升等风险正在上升，当下迫切需要采取海洋行动，包括建立强有力的公海条约，到 2030 年保护全球至少 30% 的海洋。

欧盟推进蓝色经济目标和行动。欧盟委员会正采取新方法发展可持续蓝色经济，所有成员国在 2021 年制定海事部门绿色化发展计划。欧盟委员会为蓝色经济制定了详细议程，以实现零污染和气候中和目标，倡导转向循环经济，通过保护生物多样性和投资自然来支持减少污染，重点包括发展海上可再生能源、海上运输脱碳和打造绿色化港口，进一步收紧对船舶回收和塑料进入海洋环境的限制。欧共体正在为海洋用户建立新的蓝色论坛，以协调从事渔业、水产养殖、航运、旅游、可再生能源和其他海事相关活动的近海经营者、利益相关方与科学家之间的关系。欧盟委员会和欧洲投资银行集团将加强在可持续蓝色经济方面的合作，支持对蓝色创新和蓝色生物经济投资，并建立新的欧洲海事、渔业和水产养殖基金。

葡萄牙创建欧洲最大的海洋保护区。葡萄牙政府已批准扩大塞尔瓦根斯群岛周围的海洋保护区，使其成为欧洲最大的完全受保护海洋保护区，面积为 780 平方海里，超过希腊阿洛尼索斯海洋公园（占地660海里）。葡萄牙是承诺到2030年保护全球至少30%海洋的100个国家之一，该计划的主要目标是帮助扭转生物多样性丧失的局面，增强气候变化的抵御能力。

澳大利亚加大海洋保护投资力度。2021年4月，澳大利亚政府宣布将提供1亿澳元，用于继续引领全球和澳大利亚海洋栖息地与沿海环境管理，并推动全球减排任务实施。该计划将在澳大利亚海洋管理的4个关键领域展开。

专栏1-2　澳大利亚海洋管理的4个关键领域

1. 支持澳大利亚海洋公园。资助金额为3990万澳元，用于巩固澳大利亚作为世界海洋公园管理引领国的地位，包括：通过两轮"我们的海洋公园基金"计划的实施提供1940万澳元，为行业、社区组织和土著社区创造机会，从而进一步与"澳大利亚海洋公园"管理部门建立联系并合作。其中，1500万澳元用于海洋探索和修复项目，从而加深对海洋公园的认识；540万澳元用于支持澳大利亚境内印度洋附近原始水域的健康与可持续发展行动。

2. 将土著保护区纳入"海洋国家"（Sea Country）计划。资助金额为1160万澳元，用于在两年内将9个地区的土著保护区纳入"海洋国家"计划，并为土著社区提供经济和就业机会。

---

3. 恢复蓝碳生态系统。资助金额为 3060 万澳元，用于恢复和核算蓝碳生态系统，以改善澳大利亚及其附近地区沿海环境的健康状况，并传播澳大利亚国际公认的海洋核算专业能力，同时促进地区就业，并将这些栖息地的价值作为蓝碳纳入其中。其中，近 1900 万澳元用于 4 个重大的地面项目，将在全国范围内恢复沿海生态系统，包括潮汐沼泽、红树林和海草；1000 万澳元用于提供 3 个重大的地面项目，以帮助发展中国家恢复和保护其蓝碳生态系统；100 多万澳元用于巩固澳大利亚在海洋和自然资本核算援助方面的领导地位。

4. 保护标志性海洋物种。资助金额为 1800 万澳元，用于采取实际行动保护标志性海洋物种，通过减少误捕鱼量和刺激对海洋的投资改善渔业的可持续性。其中，1000 万澳元用于开展至少 25 个有针对性的项目以实现海洋健康，恢复并保护濒临灭绝的海洋物种，消除岛屿上的入侵物种并恢复沿海生境；500 万澳元用于资助新的创新举措以支持海洋环境和可持续渔业，从而避免对受威胁物种的误捕；300 万澳元用于支持在全国范围内的海洋核算推广。

澳大利亚启动珊瑚礁恢复力国家研究计划。2021 年 8 月，澳大利亚海洋科学研究所（AIMS）与必和必拓公司（BHP）

承诺共同投资 2700 万澳元启动"澳大利亚珊瑚礁恢复力倡议"（ACRRI）。ACRRI 提出了一种全球首创的生物多样性手段，将彻底变革全球珊瑚礁恢复行动。这项为期 5 年的国家研究计划将结合昆士兰大堡礁和西澳大利亚宁格鲁礁这两个世界遗产地的研究，以开发创新型手段提高珊瑚礁恢复力并减缓气候变化影响。

美国 NOAA 推进国家沿海恢复研究。2021 年 11 月，美国国家鱼类和野生动物基金会（NFWF）与 NOAA 宣布通过"国家海岸复原基金"（NCRF），支持 28 个州和地区的 49 项沿海复原项目，涵盖了从社区参与优先事项规划到海岸工程设计开发等能力建设。项目将帮助社区加强沿海景观建设，适应不断变化的气候，维持当地野生动物的生存，并利用自然栖息地来提高社区对未来风暴和洪水的抵御能力。其中，一些代表性的项目包括：

专栏 1-3　美国国家沿海恢复代表性项目

1. 为夏威夷莫洛凯岛沿海家园开发社区恢复力。通过对预计的海平面上升、洪水、地下水上升和其他不断增加的沿海危害进行科学分析和建模，为莫洛凯岛上的宅基地社区制定恢复力计划。该项目将确定优先事项，以稳定和恢复海岸线、缓解沿海洪水和沉积、加强基于自然的解决方案的建设。

2. 设计基于自然的解决方案,以保护马萨诸塞州贝尔岛沼泽保护区的社区和滨鸟栖息地。通过建模进行水动力情景模拟,预测贝尔岛沼泽保护区的未来条件范围,并利用模型输出探索基于自然的解决方案,以保护海岸线和 250 多种鸟类。该项目将开发一个水动力模型,建立推荐干预措施的优先清单,并为前 3 项推荐干预措施设计概念。

3. 建立海岸恢复力分析能力,保护社区和潮汐湿地。根据国家指导,为新罕布什尔州沿海地区开发动态海平面上升和风暴潮模型。项目将使用该模型来测试社区驱动的概念性适应替代方案应用于 8 个运输和当地土地使用试点项目的有效性,发布实施备选方案分析的最佳实践,备选方案分析将考虑未来洪水条件、社会脆弱性以及保护潮汐湿地的基于自然的设计。

4. 恢复红树林湿地的水文连通性以提高佛罗里达州栖息地的恢复力。在佛罗里达州科里尔县设计两个红树林栖息地恢复项目,以恢复这些栖息地抵御海平面上升和风暴影响的能力,并保护沿海社区和休闲渔业。该项目将包括湿地特征描述、敏感物种调查、历史图像审查、水文监测、潮汐条件评估、野生动物评估和总体初步栖息地恢复设计。

5. 特拉华州南威尔明顿湿地恢复设计。扩大 8~10 英亩退化湿地的设计，以将其恢复为高功能淡水潮汐湿地栖息地。该项目将进一步减少洪水，增强恢复力，恢复淡水潮汐交换，过滤受污染的径流，改善土壤和水质，并将其恢复为各种鱼类、湿地野生动物和水生野生动物的栖息地。

6. 在波多黎各的库莱布拉建设沿海社区恢复力。设计一个边缘礁以恢复和扩大海草和红树林栖息地，降低当前洪水风险，并适应预计的海平面上升。该项目将改进居民对关键基础设施的访问，改善海洋生态系统栖息地，让政府机构、市政府和当地社区参与项目设计、实施及后续监测与护理。

第二节 国际对标

一、新加坡

新加坡是国际航运中心、世界炼油中心之一、世界海工中心之一，在 FPSO 改造、半潜式平台建造和升级、自升式钻井平台建造和维修等领域处于全球市场领导者地位；金融、法律、物流、信息、船舶注册、培训等产业成熟，其中，海事仲裁和船舶注册是最有代表性和竞争力的海洋服务业，是三大国际海事仲裁中心之一；在海洋金融方面，新加坡拥有成熟的资本市场和良好的市场环境，全球主要海洋金融机构均在此设立分支机构。

表 1-1　新加坡主要知名海洋相关企业和研究机构名录

序号	机构名称	机构简介
1	胜科海事 （Sembcorp Marine）	新加坡第二大造船修船企业，亚洲最大的海事工程公司之一
2	吉宝岸外与海事公司 （Keppel）	2006 年的自升式平台占全球产量的 48%，半潜式平台占全球的 39%，FPSO 改装在全球首屈一指
3	新加坡国际仲裁中心 （SIAC）	成立于 1990 年，依据新加坡公司法设立的担保公司。主要解决建筑工程、航运、银行和保险等方面的争议
4	新加坡海事仲裁院 （SCMA）	从新加坡国际仲裁中心独立出来并重组为一家保证有限责任公司
5	新加坡深海科技中心	亚太地区第一家深海科技中心
6	新加坡石油公司 （SPC）	新加坡三大炼油公司之一。拥有新加坡唯一独立并享有盛名的石油提炼厂
7	新加坡港务集团 （PSA）	世界上第二大港口经营管理公司。总共在 16 个国家经营 28 个港口，旗舰经营港口是新加坡港
8	南洋理工大学 （NTU）	亚洲排名第一的大学。2017 年与新加坡海事研究机构合作成立海事研究中心

资料来源：课题组根据公开资料整理。

新加坡海洋事业发展亮点和动态：

——构建"全海洋产业链"

新加坡形成"政府推动＋市场主导"海事业发展模式。

新加坡政府致力于推动海事业国际化、便利化和高科技化。新加坡地理位置优越，其赖以生存的港口由政府直接投资，实行自由港政策，吸引大批航运公司挂靠新加坡港，降低了国际贸易成本。在此基础上，新加坡构建了以航运为核心，融合修造船、石油勘探开采冶炼、航运金融保险等上下游产业的海洋全产业链条。

——推进海洋事业数字化

新加坡海事和港务局（MPA）在第 15 届新加坡海事周期间正式启动了新加坡首个海上无人机产业（MDE）。无人机技术有可能改变传统的海上作业方式，例如岸船交付以及船舶和集装箱起重机的远程检查。9 家公司在无人机产业进行了试验，CWT Aerospace 开展了利用无人机进行监控的试验，而 Avetics Global 则试验了利用超视距无人机进行监视和远程船舶检查。在其他创新应用方面，Airbus 和 M1 在 Infocomm Media Development Authority 的支持下，正在进行 5G 网络技术试验，以实现安全和稳健的海上无人机运营，而 Nova Systems Asia 则测试了利用无人驾驶飞机交通管理系统，以实现大规模的无人机操作。

新加坡正在启动数字化港口第二阶段的运营试验。这为所有与船舶相关的交易提供了统一平台——"海事一体化窗口"。第一阶段已经为行业每年节省了大约 10 万个工时。第二阶段将为客户提供及时的海上服务，节省工时并减少港口船舶碳排放。

专栏 1-4　新加坡海洋数字化重大事件一览表

1. 2021 年 4 月，第 15 届新加坡海事周在滨海湾金沙会展中心正式开幕。弹性、数字化、脱碳和人才成为本届海事周的关键词。

2. 2021 年 4 月，第 15 届新加坡海事讲座与 2021 年新加坡海事周同时举行，在线上和现场聚集了 550 多位行业领袖，分享对海事行业转型变革的见解以及通过伙伴关系和合作实现的增长机会。

3. 2021 年 4 月，新加坡海事和港务局（MPA）在第 15 届新加坡海事周期间正式启动了新加坡首个海上无人机产业（MDE）。

4. 2021 年 4 月，第五届新加坡海事技术会议于线上和线下共同举行，会议的重点是航运业面临的关键问题，包括行业转型、数字化和脱碳、网络弹性和对船舶与港口的影响，以及该行业初创企业的发展和融资渠道。

5. 2021 年 4 月，来自世界各地的约 450 名海事领袖和行业专业人士聚集在互联网上，在未来航运会议（FOSC）上讨论航运业脱碳和数字化的全球方法。

6.2021年6月，新加坡海事和港务局与新加坡国立大学（NUS）的创业部门举办2021年智能港口挑战赛。

7.2021年6月，来自非洲、亚洲、欧洲、中东和美国的19个港务局在第六届港务局圆桌会议上签署关于供应链中断、数字化和脱碳的声明。

8.2021年10月，新加坡海事和港务局在新加坡船舶注册（SRS）论坛上，推出4种船舶认证标志，以推动数字化转型、加强网络安全、提高海员福祉和追求可持续航运。

9.2021年10月，第11届新加坡海事学院（SMI）论坛拉开帷幕，论坛以"4.0时代的海上安全：开拓新领域"为主题，主要讨论研发在数字时代增强海上安全的作用。

10.2021年11月，新加坡举行首届海事数字挑战赛的总决赛。

——积极推进海洋事业脱碳

随着新加坡绿色计划2030的推出，可持续发展和脱碳已成为焦点，海运业是该计划中的重点领域。新加坡海事和港务局与新加坡海事基金会共同发布：海事脱碳国际咨询小组公布了支持海事行业脱碳的9种途径。

表 1-2　新加坡支持海事行业脱碳 9 种途径

协调标准	实施新解决方案	金融项目
1. 制定碳核算的通用指标 2. 为新技术和解决方案制定标准	3. 试点和部署解决方案 4. 建立灵活的船舶能力和相关基础设施	5. 发展绿色融资机制 6. 制定支持碳定价的机制 7. 托管和部署研发资金与赠款
与合作伙伴合作		
8. 加强利益相关者之间的本地、区域和全球合作 9. 设立脱碳中心		

全球资源公司必和必拓、德国航运公司 Oldendorff Carriers 和生物燃料先驱 GoodFuels，在新加坡海事和港务局（MPA）的支持下，于 2021 年 4 月成功完成生物燃料的首次试验。另外，FueLNG 与新加坡海事和港务局（MPA）共同完成了新加坡首艘 LNG 燃料油轮的加注。

图 1-2　FueLNG Bellina 向阿芙拉型油轮
Pacific Emerald 运送液化天然气燃料

专栏1-5　新加坡脱碳重大事件一览表

1.2021年3月，一艘名为CMA CGM SCANDOLA的集装箱船已使用来自新加坡第一艘液化天然气加注船Fu-eLNG Bellina的7100m³液化天然气作为燃料。

2.2021年4月，在新加坡海事和港务局的支持下，81290载重吨干散货船Kira Oldendorff成功完成生物燃料的首次试验。

3.2021年4月，由新加坡海事和港务局与新加坡管理大学合作举办的为期5天的第4届高级海事领导者计划开始，专注于全球危机时期的领导力，包括关于关键政策问题、行业近期面临的供应链挑战、数字化和脱碳等未来趋势以及引领新常态所需的技能讲座、讨论和案例研究。

4.2021年4月，新加坡海事和港务局与合作伙伴共同推进海运业的脱碳工作，签署备忘录并设立基金。

5.2021年4月，新加坡海事脱碳国际咨询小组公布了支持海事行业脱碳的9种途径。

6.2021年7月，新加坡海事和港务局宣布在新加坡成立全球海事脱碳中心（GCMD）及其领导团队，引领航运业的能源转型之旅。

7. 2021 年 5 月，FueLNG、MPA、Keppel Offshore & Marine 和壳牌联合发布：FueLNG 完成新加坡首艘 LNG 燃料油轮的船对船加注。

二、奥斯陆

奥斯陆海洋发展优势领域为海洋科技、海工装备研发制造、海洋金融法律服务业。专业性是奥斯陆海洋金融中心的最突出特征，尤其在航运、海工、油气设备和开发等领域，金融服务特别是融资具有明显的国际竞争力。由于政府透明度和运作效率高，加上奥斯陆的海洋经济产业集群以及法律、会计、设计、验证、咨询等相关专业性工商服务可得性、专业性、便利性等优势，使得奥斯陆海洋金融服务的竞争力较强。

奥斯陆的海洋产业发展聚集且完备，海事是其海洋支柱产业。除此之外，其商业化、市场化的运作模式也促进了奥斯陆海洋经济加速转型和发展。海洋金融是奥斯陆海洋经济支柱之一，拥有众多国际性的海洋金融机构，相对于综合性的海洋金融中心伦敦，奥斯陆的规模较小，但专业性更高，服务更尖端。

表1-3 奥斯陆主要知名海洋相关企业和研究机构名录

序号	机构名称	机构简介
1	挪威船级社 （DNV GL）	目前世界第一大船级社，世界著名的认证评级机构，全球领先的专业风险管理服务机构
2	海德鲁公司 （Norsk Hydro）	挪威著名铝业和可再生能源公司，世界第三大铝及铝制品生产商，在奥斯陆证券交易所上市
3	阿克集团公司 （Aker Group）	挪威著名油气服务公司，工业投资公司，集团公司业务涉及工程、海事、油气、能源、环保等领域，处于世界先进水平
4	挪威银行 （Dnb NOR）	挪威银行是挪威最大的金融服务集团，该银行的船舶融资、能源融资等业务居世界前列
5	威宝律师事务所 （Wikborg Rein）	挪威著名的律师事务所之一，最初主要业务为处理海洋法律纠纷和海洋保险业务
6	海下作业集团 （Subsea Norway）	全球领先的海床施工和水下作业公司，专长深水区域作业。拥有世界领先的船只和作业系统
7	塞克马水产股份公司 （Cermaq ASA）	挪威第三大鲑鱼养殖企业，2014年成为日本三菱集团全资子公司并将成为全球第二大鲑鱼养殖企业
8	奥斯陆大学 （University of Oslo）	挪威最大最古老的大学，有研究小组从事新的可再生能源和石油相关问题研究工作

资料来源：课题组根据公开资料整理。

奥斯陆海洋事业发展亮点和动态：

——建立海洋产业集群

奥斯陆是世界上少有的海洋产业完全聚集的城市，海事行业发展程度高。主要表现在两个方面：一是产业集群的完善，奥斯陆传统的海洋经济优势领域集中在渔业、造船、航运等，但奥斯陆政府同时也积极引导发展油气产业和配套服务业，比如海工设备及服务，使得产业链得以延长、产业链附加值得以实质提升、产业链的国际化程度得以深化，从而夯实了海洋经济产业的金融服务需求基础；二是海洋金融服务产业自身具有完整的产业链。以海工设备出口为例，奥斯陆海洋金融部门可以提供传统银行信贷、出口信贷及担保、债券、股权融资、PE 以及 MLP（有限合作基金）等金融服务。在金融机构体系中，形成了以银行机构为主、保险与再保险、证券、投资银行等共同发展的格局。

——推进脱碳和数字化

2021 年奥斯陆举办第二届马尔论坛，作为全球顶级航运会议，主要就航运投资和船舶融资，以及从目前到 2030 年及以后的航运和贸易进行讨论。会上讨论的题目包括：挪威和芬兰船东协会以及芬兰驻挪威大使馆在奥斯陆共同主办了题为"航运的未来"的研讨会。挪威和芬兰的船东和当局为未来的绿色航运业设定了目标。脱碳和数字化将成为这一转变的关键驱动力，从而为海事部门开发新的、有利的绿色技术，同时将减少碳排放，创造新的商机和新的绿色就业机会。

2021 年 11 月世界上第一艘电动自航集装箱船 Yara Birkeland 已启航前往奥斯陆峡湾进行首航。Yara Birkeland 由 VARD 在 Enova 的资金支持下建造，将于 2022 年投入商业运营。Yara Birkeland 将在 Porsgrunn 和 Brevik 之间运输矿物肥料，有助于显著减少运输过程中的碳排放。负责推广可再生能源的政府企业 Enova 已拨款高达 1.335 亿挪威克朗，用于建造世界上第一艘电动和自主集装箱船。在建造 Yara Birkeland 的同时，Yara 还通过新启动的 Yara Clean Ammonia 启动了绿色氨作为航运无排放燃料的开发。

三、东京

东京（Tokyo）是位于日本关东平原中部面向东京湾的国际大都市，是全球规模最大的都会区，是日本金融中心、交通中心、商贸中心和消费中心。东京海洋资源丰富，陆地资源匮乏，其经济和社会生活高度依赖海洋，历届政府的政策和经济发展目标都与海洋息息相关。尤其是 20 世纪 60 年代以来，东京把经济发展的重心从重工业、化工业逐步向开发海洋、发展海洋产业转移，迅速形成了以海洋生物资源开发、海洋交通运输、海洋工程等高新技术产业为支柱的现代海洋经济结构。

表 1-4　东京主要知名海洋相关企业和研究机构名录

序号	机构名称	机构简介
1	东京大学海洋研究所	日本唯一的综合性海洋研究所。设立"大槌临海研究中心"，从事临海现场的海洋学实验、分析和研究
2	日本东京海洋大学	由东京商船大学及东京水产大学合并而成，是目前日本唯一一所兼顾海洋研究与教育的国立大学
3	东京爱普生品川海洋馆	以"亲近海洋与河流"为主题的东京最大的海洋博物馆

序号	机构名称	机构简介
4	东洋水产株式会社	总部坐落在东京的水产品深加工集团公司，在海外设立 11 家分公司
5	日本三井造船株式会社	位于日本东京都的以造船为主的运输机械、钢构制造企业，为日本重要的军事防务供应商，在第二次世界大战期间曾为日本海军最主要的海防舰建造商
6	日本海洋石油资源开发株式会社	日本最大的海洋石油提炼、销售公司
7	川崎重工业株式会社（KHI）	总部位于日本东京都港区，川崎重工起家于明治维新时代，并以重工业为主要业务，与 JFE 钢铁（原川崎制铁）及川崎汽船有历史渊源。主要制造航空宇宙、铁路车辆、建设重机、电自行车、船舶、机械设备等

资料来源：课题组根据公开资料整理。

东京海洋事业发展亮点和动态：

——推进陆海联动开发

东京依托陆域开发海洋产业，且与陆地原有产业连为一体，陆海产业的现代化互为依托。大陆经济成为海洋经济的腹地，海洋经济成为大陆经济的延伸。东京已构筑起新型海洋产业体系，其中，港口及海运业、沿海旅游业、海洋渔业、海洋油气业等 4 种产业，已经占东京海洋经济总产值的 70% 左右，另外，如土木工程、船舶工业、海底通信电缆制造与铺设、矿产资源勘探、海洋食品、海洋生物制药、海洋信息等获得全面发展。

——加快自动化和无人化研发

DFFAS（设计全自动驾驶船舶的未来）项目完成了自主船舶舰队运营中心建设。2021 年 9 月，由 30 家日本公司组成的 DFFAS（设计全自动驾驶船舶的未来）项目在东京市中心以西约 25 公里的幕张完成了舰队运营中心（FOC）的建设，为无船员海上自主水面舰艇提供陆上支持。川崎交付世界上第一款带有集成机械手（机械臂）的海底管道检测 AUV。川崎开发了配备机械臂的 SPICE AUV 系统，SPICE 代表了世界上第一款带有集成机械手（机械臂）的 AUV，专为电缆和管道检查以及高效率的调查而设计。英国的海底服务公司 Modus Subsea Services 已从川崎重工业株式会社（KHI）订购了两套 SPICE AUV 系统。2021 年 SPICE 交付给 MODUS 后用于北海和世界其他地区的运营。

第三节　深圳成就

2020 年 8 月，深圳市人民政府办公厅印发了《关于勇当海洋强国尖兵加快建设全球海洋中心城市的实施方案（2020—2025 年）》（深府办函〔2020〕86 号，以下简称《实施方案》），推动全球海洋中心城市建设。2021 年是《实施方案》正式启动之年，是全球海洋中心城市建设的关键年。全球海洋中心城市建设围绕海洋产业、海洋科技、海洋生态文明、海洋开放合作和海洋综合管理 5 个维度，全球海洋中心城市建设加速推进。

一、海洋事业发展动能持续强化

——聚焦海洋产业集群

围绕全球海洋中心城市建设，深圳正致力于加快汇聚海洋发展高端要素，推动海洋传统产业转型升级，培育壮大海洋战略性新兴产业，重点聚焦海洋交通运输业、滨海旅游业、海洋能源与矿产业、海洋渔业、海洋工程和装备制造业、海洋电子信息业、海洋生物医药业、海洋现代服务业等 8 大细分领域，明确具体目标：到 2025 年，海洋产业综合实力稳步提升，培育一批涉海龙头企业，对国民经济发展支撑作用进一步增强，海洋研发投入进一步提高，突破一批前沿交叉技术和共性关键技术，争取推动海洋领域国家大科学装置建设，建设 3 个海洋科技基础设施，建成 6~8 个海洋科技创新平台，海洋基础设施支撑能力显著提高，深圳港口集装箱吞吐量力争达到 3300 万标箱，海洋油气产量持续提升，海上风电示范项目力争取得突破，海洋现代服务业支撑水平进一步提升，形成具有引领带动作用的海洋产业集群。

——持续扩大创新载体群

深圳海洋科技创新载体建设持续推进，截至 2021 年底，现有涉海创新载体 72 个，集聚了近千名海洋领域高级研究人员。已与香港城市大学海洋污染国家重点实验室、海创孵化器公司签订入驻前海意向协议，与大连海事大学、同济大学、中国船级社深圳分公司等单位达成招商初步意向，积极推动相关海洋科技平台尽快落户前海，打造前海海洋战略性新兴产业科技园集聚区。

——顺利推进重点项目建设

全球海洋中心城市建设以重点项目为抓手，《实施方案》提出63个重点项目，截至2021年12月，已完成的项目有8个，取得较大突破的项目有17个，28个项目正常推进。其中《先行示范区意见》中海洋大学、深海科考中心、国际海洋开发银行3个项目正常推进：

按程序组建海洋大学和深海科考中心。已完成《深圳海洋大学筹建方案（送审稿）》编制，依托南方科技大学筹建，选址在大鹏新区坝光片区。已纳入《广东省教育发展"十四五"规划》《广东省海洋经济发展"十四五"规划》。推动组建深海科考中心。深入研究深海科考中心组建方案，以深海科考中心为平台带动科技和产业集成创新发展，吸引陆地空天技术下海，探索新型海洋领域科教融合模式，会聚培育海洋人才在深发展。

推动设立国际海洋开发银行。已完成《国际海洋开发银行可行性研究报告》等研究报告，后续市金融监管局将推动向国家各部委征求方案意见并争取获得支持，推动国际海洋开发银行尽早在深圳落地。

——加快布局重点海洋园区

深圳高度重视谋划海洋产业空间布局，打造了若干海洋产业园区，对主要涉海园区在研发资助、租金减免和人才补贴等方面均进行了扶持，对于已建成的市级海洋产业园区，根据年度运营情况给予一定奖励。目前已有和正在规划建设的海洋园区包括海洋新城、大铲湾蓝色未来科技园、赤湾海洋科技产业园、前海智慧数科产业园、赤湾石油基地、孖洲岛海洋高端装备制造基地园区、海力德海洋科技产业园、大鹏新区海洋生物产业园、深圳国际生物谷坝光核心启动区、新体育海洋运动中心等。

二、海洋绿色转型发展步伐加快

以实际行动践行"碳达峰、碳中和"目标，加快推动海洋产业绿色化升级。积极推动海上"绿色油田"建设，引入创新型环保设备实现减排增效，启动我国首个海上二氧化碳封存示范工程，恩平油田作业区荣获石油和化工行业"绿色工厂"称号。积极参与汕尾红海湾海上风电项目，加快推进岭澳核电三期工程、国家管网深圳 LNG 应急调峰站等项目规划建设。盐田港建成六套可移动式岸基船舶供电系统，岸电覆盖率达 80%，荣获 2021 年"最佳绿色集装箱码头"大奖。持续推进海上国际 LNG 加注中心建设，华安码头完成 LNG 加注中心改建，探索建立 LNG 水上加注操作规范，引领国际海运向低碳零碳方向发展。获批深圳市大鹏湾海域国家级海洋牧场示范区，打造海洋生态牧场产业综合生态系统。"长山号"500KW鹰式波浪能风电装备、20000m³LNG运输加注船、双燃料全压式LPG船、双燃料LNG滚装船等绿色装备批量交付，助力海洋领域降碳减排，中集集团荣膺绿色发展标杆企业。

三、海洋事业改革创新走在前列

海洋海域管理法规建设不断完善。加快推进《深圳经济特区海域使用管理条例》相关配套政策制度制定。出台《深圳市申请批准使用海域目录》，明确通过申请批准方式出让海域使用权的具体情形。出台《深圳市海域使用权招标拍卖挂牌出让管理办法》，明确招拍挂程序，加大市场化在海域空间资源配置方面的力度。印发《深圳市海域使用权出让合同范本》，作为海域资源批后监管的主要依据，进一步加强用海审批和批后监管工作。出台《深圳市海域管理范围划定管理办法》，规范海域管理范围的划定和管理机制。加快推进围填海项目海域使用权转换国有建设用地使用权管理规定、海域立体分层确权管理制度、涉海工程建设规划许可和竣工验收技术规范等一批政策制度研究，全面提升我市海域法制化管理水平。

海洋发展政策内容不断丰富。研究制定海洋产业扶持专项政策，编制《深圳市关于促进海洋经济高质量发展的若干措施（公开征求意见稿）》，以海洋经济高质量发展为目标，针对涉海产业发展需求，在企业引进、陆海融合、降低成本、地方标准等方面提出支持政策，并向社会公开征求意见。研究制定海洋人才引进专项政策，印发《深圳市高端紧缺人才目录》，将海洋产业单独作为产业大类，设置 15 类岗位，涵盖海洋电子信息及高端海工装备制造、海洋资源开发利用、海洋生态保护、港航服务等 4 大重点产业。争取试点启运港退税政策，2021 年 12 月，深圳海关成功在前海放行 4 票启运港退税货报关单，合计金额约为 41.3 万元，标志退税政策落地实施。

海域海岛管理保障力度不断强化。积极推进我市国土空间总体规划（海洋部分）编制工作，完成海洋生态空间、海洋开发利用空间和海洋生态红线试划。着力推进小梅沙、海洋新城、土洋—官湖、金沙湾、沙鱼涌等重点海域详细规划编制工作，创新开展海洋工程规划预论证，提出滨海空间设计指引，强化陆海统筹和项目的实施性。土洋—官湖海岸带地区详细规划作为全国第一个海域详细规划已基本编制完成。制订《深圳市无居民海岛开发利用审查审核指引》，加强我市无居民海岛的保护与管理。组织开展赖氏洲规划研究、洲仔岛详细设计等海岛规划，摸清海岛及周边海域资源禀赋，明确海岛定位，编制完成赖氏洲单岛保护与利用规划。推进西部海域海岛群功能定位与发展策略研究，完成《无居民海岛保护利用标准与准则》，增强海岛保护和利用的规划管控，提升海岛资源管理水平。探索按照海域的水面、水体、海床、底土分别设立使用权，强化重大项目用海保障力度，研究草拟了深圳市海域定级和海域使用金征收标准。

海洋生态文明建设继续加快。编制《深圳市国土空间生态保护修复规划（2020—2035年）》，始终坚持尊重自然，保护优先，坚持规划统筹，系统修复，坚持问题导向，因地制宜，通过识别和诊断问题，明确修复目标，同时制定了主要修复任务。一是湾区协同保护，发挥深圳在美丽湾区建设中的核心引领作用，实施区域生态协同战略，共同构筑区域生态骨架，引领"双碳"目标落实。二是出台《深圳市沙滩资源保护管理办法》，完善沙滩分类、部门职责、滩面垃圾清理等内容，促进沙滩资源可持续利用的长效监管机制。三是护卫蓝色国土，保护修复典型海洋生态系统，养护海洋资源优化群落结构，实施陆海污染综合治理，强化重点岸段综合整治修复，有序降低沿海人类活动干扰。四是重点海湾综合治理。以提升海湾生态环境质量和功能为核心，提升自然岸线恢复率，改善近海海水水质，增加滨海湿地面积，开展综合整治工程，打造"蓝色海湾"。

四、海洋事业标杆项目成果丰硕

——首只蓝色债券

深交所积极推进固收创新产品试点，于2021年7月发布《深圳证券交易所公司债券创新品种业务指引第1号——绿色公司债券（2021年修订）》，推出蓝色债券创新品种，支持海洋保护和海洋资源可持续利用等相关项目，助力海洋经济发展。

——首单国际船舶融资保理

2021 年，国家开发银行深圳分行累计向涉海企业发放贷款 76 亿元，支持海工装备、海洋运输和能源开采，落地深圳首单国际船舶融资保理项目。

——首个 5G 智慧港口

妈湾智慧港已于 2021 年 11 月全面竣工验收并投入使用，是粤港澳大湾区首个 5G 智慧港口。获深圳市首个"交通强国试点"项目授牌。妈湾智慧港是我国首个由传统码头升级改造成的自动化码头，其前身妈湾港作为传统散杂货码头，为深圳繁荣发展做出了积极贡献。此次智慧化改造升级依托人工智能、5G 应用、北斗系统、区块链等科技元素，将原海星码头 4 个泊位升级改造为全新的自动化集装箱港区，与现 MCT 港区一体化运营，形成年吞吐量约 250 万标箱的现代化智慧港口。

图 1-3　首个 5G 智慧港口

——首个海上二氧化碳封存示范工程

2021年8月，中海油深圳分公司落实"碳达峰、碳中和"战略，加快推动海洋产业绿色化升级，积极开展海上"绿色油田"建设，引入创新型环保设备实现减排增效，在恩平15-1油田启动我国首个海上二氧化碳封存示范项目，恩平油田作业区荣获石油和化工行业"绿色工厂"称号。以该项目为基础开展"岸碳入海"研究，可为深圳市一批电厂、工业企业二氧化碳封存探索新路。恩平15-1油田CCS达到国际领先、国内海上首创，可形成推广复制模式，为国内后续海上CCS/CCUS项目提供技术储备和经验借鉴，推动粤港澳大湾区绿色低碳发展。

图1-4 首个海上 CO_2 封存示范工程

——首艘加装 SCR 尾气处理装置的拖轮——"盐田拖 19"

2021 年 3 月，6000 匹马力港作拖轮"盐田拖 19"下水，成为我国首艘加装 SCR 尾气处理装置的拖轮。建造"盐田拖 19"轮是深圳盐田拖轮有限公司践行盐田港集团"向海图强"发展战略、响应政府"深圳蓝计划"的重要举措，标志着海上服务保障、新技术示范运用和绿色环保发展方面迈向新高度。"盐田拖 19"轮是国内首艘 6000 马力满足 Tier-Ⅲ 排放的全回转拖轮，总长约 39 米，型宽 11 米，型深 4.9 米，设计满载吃水 4 米，航速节系柱拖力，正拖不小于 75 吨，倒拖不小于 70 吨，主机最大功率达 6000 匹马力，船舶设计航速 13 节。该船率先采用先进的 SCR 柴油机尾气处理装置，可使船舶尾气排放达到国际 TierⅢ 标准，是国内首艘安装 SCR 装置的港作拖轮。该船配置了可以互为备用的先进绞缆机，且具备 FIFI-1 消防功能（即一类消防功能），配置 2800m³/小时的消防泵，消防水射程可达 150 米，能较好地执行水上船只灭火救援、对岸供水、海上抢险救援等多重任务。

——首批国际航行船舶保税燃料油经营本地牌照

深圳海事局依托全国首个船舶大气防治领域试验基地——大鹏湾船舶大气污染物排放控制监测监管试验区大力支持深圳国际海上保税燃料加注中心建设，协助深圳市政府出台《深圳市国际航行船舶保税燃料油经营管理暂行办法》，并颁发深圳首批国际航行船舶保税燃料油经营本地牌照，助推新获批资质的加油单位于 2021 年 6 月在盐田港成功完成首单保税燃油加注作业，标志着深圳国际海上保税燃料加注中心建设迈出关键一步。深圳海事局将持续深化船舶排放控制区监测监管示范工程建设，建成覆盖全辖区海域的船舶大气污染排放一体化立体监测监管系统，并推动《液化气体船舶安全作业要求》《液化天然气燃料水上加注作业安全规程》等国家标准发布实施，为海上 LNG 加注作业安全提供制度保障。

——首艘五星旗高端游轮"招商伊敦号"首航

2021年6月，中国首艘五星旗高端游轮"招商伊敦号"首航，以深圳蛇口为母港，开展以国内旅游目的地体验为核心的沿海航线。"招商伊敦号"游轮作为招商维京游轮船队的第一艘海轮，也是中国第一艘悬挂五星红旗的高端游轮、第一艘由中国自主经营管理的高端游轮，是中国邮轮产业发展史上的重要里程碑，标志着中国邮轮产业跨进了新时代。

图 1-5 首艘悬挂五星红旗的高端游轮"招商伊敦号"

第二章

海洋产业——强化全球海洋竞争优势

第一节　深圳市海洋经济总体情况

2021 年是"十四五"开局之年，在经济总体平稳增长、政策环境持续优化的背景下，深圳市海洋经济发展持续向好，增速大幅回升。据测算，2021 年，深圳市海洋生产总值同比增长 16.0%。海洋生产总值占地区生产总值比重较 2020 年提升 0.4 个百分点。

海洋产业结构不断优化。2021 年，深圳海洋第一产业增加值同比增长 4.8%；海洋第二产业增加值同比增长 22.4%；海洋第三产业增加值同比增长 13.2%。与 2020 年相比，海洋第一产业比重保持不变，第二产业比重上升 1.7 个百分点，第三产业比重下降 1.7 个百分点。

各区海洋经济特色明显。2021 年南山区海洋生产总值同比增长 19.7%，福田区海洋生产总值同比增长 13.4%。宝安区、盐田区和大鹏新区海洋生产总值同比分别增长 12.5%、14.5%、10.1%。

持续推进全球海洋中心城市建设。全面推进海洋事业发

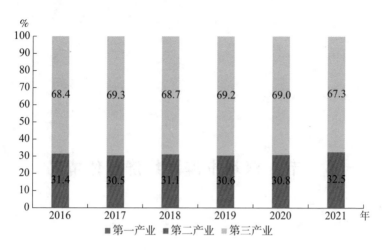

图 2-1　2016—2021 年海洋三次产业结构

资料来源：深圳市 2021 年海洋经济运行情况分析。

展，开展《深圳市海洋发展规划（2022—2035 年）》编制工作，推动出台《深圳市海洋经济发展"十四五"规划》《深圳市培育发展海洋产业集群行动计划（2022—2025 年）》，为"十四五"期间海洋经济发展指明方向。研究编制《深圳市促进海洋经济高质量发展的若干措施》，围绕重大项目、创新平台、技术攻关、产业发展、产业配套等方面提出精准化举措。扎实落实《关于勇当海洋强国尖兵加快建设全球海洋中心城市的决定》，按照季度对涉海各职能部门工作推进和项目完成情况进行统筹、跟踪、协调和督办工作，并形成各季度全球海洋中心城市建设评估报告。

海洋经济监测评估成效初显。完成涉海单位认定技术指南，规定了涉海单位认定基本方法、认定步骤等，确保涉海单位识别方法实用、识别结果客观合理不遗漏。进一步完善深圳海洋经济运行监测制度规范，修订年度海洋经济统计调查制度，编制海洋经济统计数据质量控制技术方案，明确了各项工作的质量控制原则、流程、质控内容等，切实保障海洋经济统计数据质量。开展海洋产业集群各细分领域分类梳理工作，核算增加值，为深圳海洋产业集群行动计划提供数据支撑。

重点项目持续高效推进。加快推动海洋经济创新发展示范工作，积极做好示范项目监督和管理工作。持续抓好省级促进海洋经济高质量发展（海洋六大产业）专项资金项目管理工作，积极做好项目的过程监督和管理工作。积极推动海洋领域重大项目加快建设，2021 年度，深圳共安排 36 个海洋领域重大项目，项目总投资额为 3567.7 亿元。

第二节　深圳市海洋产业情况分析

2021 年，深圳优势产业海洋交通运输业、滨海旅游业、海洋能源与矿产业、海洋工程和装备业增加值增速显著，分别为 16.5%、14.7%、50.3%、19.8%，海洋现代服务业、海洋电子信息业、海洋生物医药业以及海洋渔业增加值增速分别为 6.7%、9.9%、-11.7%、3.6%。

表 2-1　2021 年深圳市海洋产业增加值增速

产业类别	产业增加值增速（%）
海洋交通运输业	16.5%
滨海旅游业	14.7%
海洋能源与矿产业	50.3%
海洋渔业	3.6%
海洋工程和装备业	19.8%
海洋电子信息业	9.9%
海洋生物医药业	-11.7%
海洋现代服务业	6.7%
其他海洋产业	9.7%
合计	16.0%

资料来源：深圳市 2021 年海洋经济运行情况分析。

一、海洋交通运输业

2021 年，在全球疫情持续蔓延、港口供应链不畅的形势下，深圳海洋交通运输业总体呈现强势复苏势头，海洋交通运输业增加值同比增长 16.50%。2021 年深圳港完成货物吞吐量达 27838 万吨，同比增长 5.03%；集装箱吞吐量达 2877 万标箱，同比增长 8.40%。深圳水水中转量同比下降 1.72%，海铁联运量同比增长 25.67%，LNG 接收量位居全国首位。2021 年，深圳港新增国际班轮航线 61 条，总数达到 302 条。

2021 年全球港口绩效指数[1]排名中，深圳港赤湾港区以及蛇口港区两大集装箱港区排名前 10，分别位列第 3 位、第 9 位，深圳盐田港区和大铲湾港区分别排在第 29 位和第 31 位。

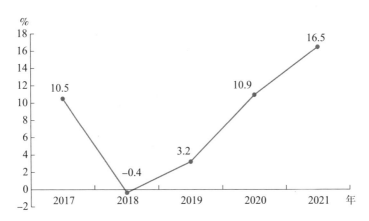

图 2-2　2017—2021 年深圳市海洋交通运输业增加值增速

资料来源：深圳市 2021 年海洋经济运行情况分析。

表 2-2　2021 年全球 10 大集装箱港口吞吐量

排名	港口名称	国家	集装箱吞吐量（万标箱）	增速
1	上海港	中国	4702.5	8.1%
2	新加坡港	新加坡	3746.8	1.6%
3	宁波—舟山港	中国	3108.0	8.2%
4	深圳港	中国	2877.0	8.4%
5	广州港	中国	2418.0	4.3%

---

① 世界银行和市场研究机构 IHS Markit 基于船舶在港停留时间等指标，对全球各地的 351 个集装箱港口的周转效率进行了排名，形成集装箱港口绩效指数排行榜。

排名	港口名称	国家	集装箱吞吐量（万标箱）	增速
6	青岛港	中国	2370.0	7.7%
7	釜山港	韩国	2269.0	4.0%
8	天津港	中国	2026.0	10.4%
9	长滩港	美国	2006.2	15.8%
10	香港港	中国	1778.8	2.7%

资料来源：Alphaliner。

表 2-3　2010—2021 年深圳港港口吞吐量

年份	港口货物吞吐量（万吨）	港口集装箱吞吐量（万标箱）
2010	22098	2251
2011	22325	2257
2012	22807	2294
2013	23398	2328
2014	22324	2404
2015	21706	2420
2016	21410	2398
2017	24136	2521
2018	25127	2574
2019	25785	2576
2020	26506	2655
2021	27838	2877

资料来源：课题组根据公开资料整理。

多项政策措施促进港口高质量发展。2021 年，深圳成功获批"十四五"首批港口型国家物流枢纽，全面推进建设"海、陆、空"高效集约的国家物流枢纽体系。试点启运港退税政策，2021年12月，深圳海关在前海放行4票启运港退税货报关单，合计金额约41.3万元。《国家"十四五"口岸发展规划》将前海客运口岸纳入广东省"十四五"项目（新开)，该项目正在开展前期研究。推动深圳国际航行船舶保税燃料油加注事项落地，印发《深圳市国际航行船舶保税燃料油经营管理试行办法》，成为首批40条授权清单中的已推动落实事项之一。

完善"粤港澳大湾区组合港"体系，促进组合港一体化运作。构建以深圳港为核心的大湾区组合港体系，推动大湾区港口资源整合互补，提升大湾区港口群整体竞争力。2021年，"粤港澳大湾区组合港"项目新增12条航线，开通顺德新港、南海九江、惠州、东莞等地15个组合港。深化"直提直装"改革，叠加"互联网+海关"，货物在港时间由2~7天压缩至最短2小时。

智慧港口建设方面居全国港口前列。大力推进物联网、云计算、大数据等新一代信息技术在港口的应用，目前深圳港已初步建成数字港口生态圈。2021年，妈湾智慧港全面竣工验收并投入使用，是粤港澳大湾区首个5G智慧港口以及国内领先的自动化集装箱码头。盐田港区东作业区也正大力推进数字化码头建设，推动5G通信、北斗系统、区块链、大数据、人工智能、互联网与港口业务的深度融合。小漠港加快推进码头全 5G 覆盖智慧化建设。

加快港口绿色低碳转型升级。深圳港大力推广清洁能源使用，新建全国加装 SCR 尾气处理装置的拖轮——"盐田拖 19""盐田拖 21"，引导港口企业推广试点电动拖车和氢能拖车。盐田港岸电覆盖率达 80%，获 2021 年"最佳绿色集装箱码头"。深圳率先打造船舶排放控制区示范工程，初步建成全国首个"空—陆—水"一体化的综合立体监测系统，构建船舶大气污染防治新模式。2015 年至 2021 年 10 月，约 57000 艘次船舶停靠深圳港期间使用低硫油，污染物减排超 4 万吨。

二、滨海旅游业

随着国内疫情形势逐渐转好，旅游市场吸引力不断提升，深圳旅游业逐步恢复。强化规划支撑，印发《深圳市海洋文体旅游发展规划（2021—2025 年）》，为深圳海洋文化旅游体育发展重点指明方向。目前，深圳市辖区 A 级旅游景区共 16 个，其中，5A 景区、4A 景区、3A 景区分别有 2 个、8 个、6 个。2021 年，深圳滨海旅游业增加值同比增长 13.1%，旅游总收入达 1600 亿元，同比增长 15%。接待旅游过夜总人数达 5036.53 万人，同比增长 22.1%，机场旅客吞吐量达 3091.45 万人，同比增长 2.6%。从重点企业来看，华侨城集团连续 13 年获评"中国旅游集团 20 强"。

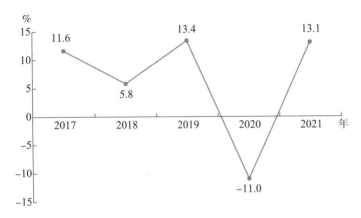

图 2-3 2017—2021 年深圳市滨海旅游业增加值增速

资料来源：深圳市 2021 年海洋经济运行情况分析。

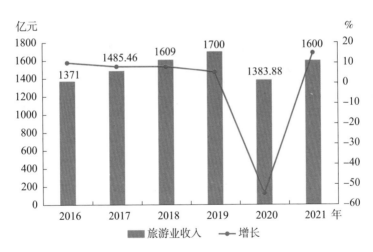

图 2-4 2016—2021 年深圳市旅游业收入

资料来源：深圳市文化广电旅游体育局。

滨海旅游品牌影响力持续提升。华侨城旅游度假区获评首批国家级文明旅游示范单位，大鹏所城文化旅游区入选第三批"广东省文化和旅游融合发展示范区",世界之窗、锦绣中华民俗村、欢乐谷在全国主题公园综合竞争力排名中居第三到第五位。灯塔图书馆当选全国十大热门"新"景点,欢乐港湾和百师园非遗旅游区获评 3A 级旅游景区。宝安红色印记之旅、盐田红色滨海寻迹之旅入选省乡村旅游精品线路名单。海洋文化宣传更加活跃有力,首次设立"6·8 海洋日"宣传周,持续打造"深爱海洋"新媒体矩阵,差异性策划推出海洋科普、探店打卡等新媒体内容。举办第二届深港澳海洋科普展活动,通过深海科考摄影作品展览、科普嘉年华、海洋学术主题交流会等方式,促进科普推广海洋事业。

滨海旅游重点项目稳步推进。全球最大的乐高乐园旅游度假区项目开工,"湾区之光"摩天轮正式开放。佳兆业国际乐园首期项目投入运营,占地面积约为 150 万平方米,打造新一代海滩度假综合体。开展 2021 深圳帆船周系列活动、"宝安杯"2021 深圳帆船邀请赛等海上活动,推动高端体育消费项目发展,打造海上运动活力高地。高水平推进邮轮旅游发展实验区建设,2021 年,中国首艘五星旗高端游轮"招商伊敦号"首航,开展以国内旅游目的地体验为核心的沿海航线。优化升级"海上看深圳"旅游项目,航线丰富度不断提升,"大湾区二号"投入运营,累计开航 3545 班,接待旅客数量达 33.5 万人次。

专栏2-1　"海上看湾区"旅游项目航线简介

1. 深圳湾航线

途经蛇口邮轮母港—SCT 码头—深圳湾大桥—蛇口邮轮母港，全程 10 海里，航行时间为 150 分钟。让市民更近距离地从海上观赏深圳美丽的天际线，串联起深圳湾超级总部基地、后海片区、人才公园、红树林生态公园等城市亮点片区。

2. 港珠澳大桥航线

途经蛇口邮轮母港—SCT 码头—内伶仃岛—白海豚岛（西人工岛）—牛头岛—港珠澳大桥—蛇口邮轮母港，全程 38 海里，航行时间为 180 分钟。旅客可在甲板观赏内伶仃岛和珠江口风景，从海上近距离观赏港珠澳大桥的壮丽景观，更有机会在珠江口奇遇白海豚。

3. 前海湾航线

途经蛇口邮轮母港—SCT 码头—孖洲岛—友联船厂—南海 9 号—蛇口邮轮母港，全程 21 海里，航行时间为 150 分钟。该航线可远观集装箱鳞次栉比的 SCT 码头、亚洲最大的海岛式大型修船基地——孖洲岛。

4. 环香港大屿山航线

途经蛇口邮轮母港—内伶仃岛—香港机场—青马大

桥—维多利亚港—长洲岛—天坛大佛—大屿山—白海豚自然保护区—港珠澳大桥—东西人工岛—蛇口邮轮母港，全程 57 海里，航行时间为 260 分钟。航线可近观岛屿的宁静，见证穿越青马大桥，远眺维多利亚港，还可观看被誉为新世界七大奇迹的港珠澳大桥、"零丁洋里叹零丁"的内伶仃岛、幸运旅客曾看见过的中华白海豚等。

图 2-5　大湾区一号

图 2-6　大湾区二号

图 2-7　双船运营

三、海洋能源与矿产业

海洋能源与矿产业包括海洋油气业、海洋可再生能源利用业等产业。2021年，受多国经济逐渐复苏及原油供应相对不足等多重因素影响，国际油价实现12年来最大年度涨幅，带动深圳海洋能源与矿产业大幅增长，海洋能源与矿产业增加值同比增长50.3%。举办首届中央企业数字化转型峰会智慧油气分论坛、第20届中国（深圳）国际海洋油气大会暨展览会等活动。

龙头企业带动作用增强。深圳拥有中广核、国家管网、深圳能源、中海油等一批大型能源企业。其中，中海油深圳分公司全力推进实施勘探开发七年行动计划；加大珠江口盆地海洋油气资源勘探开发力度，发现"惠州26-6"5000万方油气田，陆丰油田群区域开发项目成功投产，标志着首次实现3000米以上深层油田规模开发；建成国内首个自营深水油田群流花16-2油田群，创造了我国海上油田开发水深最深、水下井口数最多的纪录；建成亚洲规模最大的油田水下生产系统，攻克了深水钻井、水下智能完井、深水流动安全保障、远距离电潜泵供电技术等数十项世界级难题；建成中国海上油田首个"智慧"生产指挥中心，有效降低油田运营成本。

加快推进重点项目建设。深圳加快推进东部电厂二期、中石油深圳LNG应急调峰站等重点项目建设，加快深汕海上风电项目开发建设，积极参与汕尾红海湾海上风电项目合作开发，加快推进岭澳核电三期工程等项目规划建设。汇川技术实现满足 10MW 级大型海上风电机组变桨驱动器技术的突破，大幅降低海上风电成本。建立深圳海上国际 LNG 加注中心，积极协助推动华安码头完成 LNG 加注中心改建，探索建立 LNG 水上加注操作规范，打造水上绿色综合服务区。

四、海洋渔业

深圳是南海多种经济鱼类的种质资源库，也是南海渔业资源的种苗库之一。2021 年，深圳海洋渔业增加值同比增长 3.6%。深圳远洋渔船作业范围主要分布在太平洋、西南大西洋、印度洋公海以及太平洋岛国、东南亚、西亚、非洲等沿海国家专属经济区。

加强顶层设计，促进渔业高质量协调发展。坚持规划引领，编制《深圳市现代渔业发展规划（2022—2025 年）》，明确深圳现代渔业发展的重点方向以及现代渔业高质量、国际化的发展路径。建设现代化渔港群，编制《深圳市渔港空间布局规划》，差异定位渔港的主要承载功能及未来转型方向，形成多港联动、互为支撑的现代化渔港群。推进传统渔港升级改造，编制蛇口渔港升级改造规划，科学引导蛇口渔港发展转型和品质提升。启动《智慧渔港动态管理系统关键技术研究（二期）》，以蛇口渔港为试点，推进渔港管理现代化。大力推进"港长制"建设工作，编制《深圳市全面推行渔港"港长制"实施方案》。

大力发展远洋渔业，提升全球资源配置能力。2021 年，深圳获批建设国家远洋渔业基地，按照"一基地两港区、整体规划、差异发展、分步实施"工作思路，以大铲湾和深汕两港区为空间承载，推进国家远洋渔业基地建设。依托大铲湾临近空港和口岸优势，规划建设集储藏交易、拍卖展示、消费观光于一体的国际金枪鱼交易中心。在深汕港区引入储藏、冷链物流、精深加工、研发检测等机构，壮大远洋渔业产业链，提升远洋渔业全球资源配置能力。

转变渔业发展方式，推动传统渔业与现代科技融合发展。推动水产种业创新发展，2021 年启动深圳水产养殖种质资源全面普查工作，为提升种业创新能力奠定基础。筹建渔业科研示范基地，打造水产种质遗传育种中心。华大海洋和中国水产科学研究院联合创制的"建鲤 2 号"通过国家水产新品种审定，"大鹏湾 1 号长茎葡萄蕨藻"上报水产原种和良种审定委员会评审。推动渔业数字化转型，开展海洋渔业大数据平台前期研究，构建"渔船、渔民、渔获、渔港"四渔一体的海上互联网，实现海上渔业生产活动的全要素全天候在线监控。

深入推进渔业资源养护，推进渔业资源可持续发展。深圳获批大鹏湾海域国家级海洋牧场示范区，通过投放人工鱼礁、增殖放流、养护渔业资源等措施，打造海洋生态牧场产业综合生态系统。开展水生生物资源增殖放流工作，2021 年深圳海域累计增殖放流虾苗 2.8 亿尾，鱼苗 2900 万尾，贝类

1500 万只，中国鲎 10.2 万只，推进渔业资源可持续发展。开展水生生物资源调查评估和智慧系统项目前期研究，对深圳水生生物资源调查评估，实现水生生物资源的可量化、可视化、可预测化。

五、海洋工程和装备业

深圳拥有包括中集集团、招商重工在内的多家海工装备龙头企业，已形成以孖洲岛为主体的海工装备及船舶修造基地，拥有惠尔海工、海斯比等海工装备设计企业，初步形成了较为完备的海工装备产业链条。2021 年，深圳海洋工程装备业增加值同比增长 19.8%。

龙头企业引领带动，推进产业高质量发展。在研发设计领域，以龙头企业为代表自主设计、研发了一批海洋工程高端装备，中集集团自主设计、建造的第一代超深水半潜式钻井平台"蓝鲸 1 号"完成我国首个深水自营大气田"凌水 17-2"开发井的钻井工作。在装备制造和配套领域，中集安瑞科交付 2 条国际 LNG 加注船舶，中标 1 条中海油 LNG 运输加注船工程建造合同订单。招商工业自主建造的 FPSO（浮式生产储油船）主船体交付离港，实现了我国高端新型 FPSO 建造核心技术的自主攻关。招商重工"长山号"500KW 鹰式波浪能风电装备成功交付，为国家清洁能源供电提供技术和装备支撑。除海洋石油钻井平台、特种工程船舶等大型工程装备制造外，海斯比和云洲等企业推出了多种无人船艇产品。

在应用服务领域，深海油服在深水安装技术等方面取得了一系列技术突破。深圳海力德油田技术开发有限公司研发了海工数字化技术，提高生产稳定性、降低生产异常概率、提高运营效率。

加大政策支持力度，提升企业发展积极性。积极组织实施新兴产业扶持计划，提升高端装备企业围绕产业链关键环节水平。出台《深圳市工业和信息化专项资金"三首"工程扶持计划操作规程》，大幅提升支持力度，适用产品范围由国家《首台（套）重大技术装备推广应用指导目录》，扩大至国家、省、市三级目录范围，持续推动国产高端装备强化自主创新，加快形成以国内大循环为主体、国内国际双循环项目促进的新发展格局。2021年，对66个首台（套）重大技术装备项目予以支持，资助资金合计11498万元。其中，部分产品实现了核心技术上的突破，在国内处于领先地位，如招商局重工的大型深远海多功能救助保障船等多个领域国产替代进程加快。

推动重点项目建设，着力增强产业发展后劲。2021年广东省工业和信息化厅批复同意组建广东省智能海洋工程创新中心，按照要求开展组建工作。中集集团积极组建中国海洋科技集团（筹），推动向海洋生产类装备、海洋新能源产业、海洋蛋白产业、海上城市产业等领域延伸，建设成为中国领先、世界一流的海洋装备设计制造商和整体解决方案供应商。

六、海洋电子信息业

依托深圳先进的电子信息制造业集群，产业链条加速向海洋领域延伸嫁接，中兴通讯、研祥智能等电子信息龙头企业拓展海洋通信、船舶导航等海洋领域业务，在船舶电子、海洋观测和探测、海洋通信、海洋电子元器件等领域掌握自主核心技术，实现技术成果转化。2021 年，深圳海洋电子信息业增加值同比增长 9.9%。

海洋电子信息重点项目加快推进。深圳海洋电子信息产业研究院揭牌成立，聚焦海洋电子信息产业发展主线，打造"海洋电子信息+工程服务""海洋电子信息+海洋装备"等特色产业链。中兴通讯探索全球首个基于 5G+MEC 边缘云系统的自动化港口建设，获得 2021 世界 5G 大会应用设计揭榜赛二等奖。深圳航天工业技术研究院自主研发了国内首套开体抛石船无人驾驶控制系统。研祥智能基于工业互联网新技术，研发海洋装备健康管理、远程运维、数据采集等解决方案，提升系统管控能力，推动产业数字化、智能化发展。积极开展海洋领域大数据工作，推进全球海洋大数据中心建设，拟将全球海洋大数据中心作为国家级数据中心节点挂牌，目前正开展相关建设方案。深圳超算中心与广东海洋大学合作开展海洋资源、海洋生态等领域大数据处理、模拟仿真工作。

七、海洋生物医药业

深圳拥有华大基因、健康元、海王、迈瑞、北科生物等一批优秀海洋生物医药企业。2021 年，深圳海洋生物医药业增加值同比下降 11.7%。

海洋生物医药产业集聚逐渐形成。围绕大鹏海洋生物产业园，已初步形成了集聚效应。坪山区大力建设粤港澳大湾区生物医药创新高地，重点发展生物创新药、高端医疗器械、生物技术等细分行业，以年均新增企业 100 家以上、产值增长 30% 以上的发展速度，初步打造了上下游完整、特色鲜明、集群效应显著的生物医药产业集聚区。深圳加快海洋生物医药中试平台、海洋生物基因种质资源库和海洋微生物菌种库建设。

海洋生物医药关键技术取得突破。华大海洋创建中国南海海洋基因库，在多肽类海洋药物的研发上不断取得突破，一款免疫海洋小分子新药物已进入临床前研究。华大海洋发表了细身飞鱼基因组图谱、棘头梅童鱼染色体级别基因组图谱、全球首个巴沙鱼染色体水平基因组等研究成果，为深入研究提供了重要的遗传数据资源。健康元实现慢性阻塞性肺疾病重大技术攻关，阿地溴铵吸入粉雾剂获批临床试验，国内首家、独家批准的短效 $\beta2$ 受体激动剂丽舒同（盐酸左沙丁胺醇吸入溶液）入选新版慢阻肺指南。

八、海洋现代服务业

在海洋金融业领域，初步构建了政府和市场双向发力，金融业与实体产业逐步融合，平台、模式、市场、管理等多维度创新的多元化、专业化、综合性的海洋金融服务体系。2021 年，深圳涉海金融等海洋现代服务业增加值同比增长 13.1%。

海洋金融规模持续扩大。国家开发银行深圳分行向涉海企业发放贷款 76 亿元，支持海工装备、海洋运输和能源开采。深圳共 22 家保险机构（不含出口信用保险公司）开展涉海保险业务，险种包括船舶险、货运险、出口运输险、集装箱保险、污染责任保险、海上风电工程险、游艇保险等。深交所积极推进固收创新产品试点，发布《深圳证券交易所公司债券创新品种业务指引第 1 号——绿色公司债券（2021 年修订）》，推出蓝色债券创新品种，支持海洋保护和海洋资源可持续利用等相关项目。设立深圳绿色航运基金，总规模达 100 亿元，通过市场化投资运作，支持航运产业高质量发展。前海中船智慧海洋创新基金主要投向海洋智能装备制造、电子信息、新材料等领域的优质项目。

海洋金融重点项目加快推进。目前深圳完成国际海洋开发银行课题研究工作，以设立国际海洋开发银行为契机推动高端海洋金融服务发展。积极落实《关于深圳建设中国特色社会主义先行示范区放宽市场准入若干特别措施的意见》，加快推动粤港澳大湾区保险服务中心落地。

金融支持力度逐步加大。2021年，自然资源部海洋战略规划与经济司、深圳证券交易所联合举办海洋中小企业投融资和科技成果在线路演活动，对接融资需求约33亿元。制定海洋产业扶持专项政策，出台《深圳市交通运输专项资金港航业领域资助资金实施细则》《深圳市交通运输专项资金绿色交通建设领域港航部分资助资金实施细则》，编制《深圳市关于促进海洋经济高质量发展的若干措施》，聚焦关键环节，推动深圳海洋经济发展。

第三节　各区海洋经济发展情况

一、福田区

福田区海洋产业支撑能力和潜力较强，拥有国开行深圳分行、深圳能源集团、进出口银行、中信保、深创投、联成渔业、华南渔业等一批涉海龙头骨干企业。福田区重点发展海洋生物医药业、海洋现代服务业等，以总部研发及高端服务为主，打造海洋金融服务集聚区。

加快推动企业发展海洋相关业务。2021年，中国广核集团公司管理的核电站的总上网电量为2011.51亿千瓦时，占全国核电机组上网电量的52.65%，进一步夯实了其海上风电产业龙头企业的地位，为实现海洋资源可持续开发提供了成功实践。国家开发银行深圳市分行 2021 年累计向涉海企业发放贷款 76 亿元，支持海工装备、海洋运输和能源开采，落地深圳首单国际船舶融资保理项目。中国进出口银行深圳分行是国内最重要的支持船厂和船舶融资的金融机构之一，2021年，支持的海洋经济项目共 16 个。深圳市华南渔业有限公司拥有经农业农村部批准的太平洋金枪鱼延绳钓项目，作业远洋渔船共 24 艘，雇用船员 318 人，主要捕捞品种有大目金枪鱼、黄鳍金枪鱼、长鳍金枪鱼。2020 年捕捞产量达 3312.5吨，产值达 9786.67 万元，自捕水产品回运达 2267 吨。深圳市联成远洋渔业有限公司 2020 年捕捞产量达 2832.8 吨，产值达 9717.6 万元，自捕水产品回运达 1437.2 吨。

二、盐田区

2021 年，盐田区大力发展海洋经济，全力创建全球海洋中心城市核心区，编印《盐田区创建全球海洋中心城市核心区实施方案（2022—2025 年）》，加快制定《盐田区培育发展海洋产业集群行动计划（2021—2025 年）》，持续提高海洋资源利用和管理水平。编制完成《盐田区海洋资源调查》《盐田珊瑚增殖养护项目年度总结报告》，系统地摸清了盐田海洋资源家底，为更好地推动盐田建设深圳全球海洋中心城市核心区提供重要支撑。

海洋科技创新项目加快引进。盐田区积极引入海洋科技创新项目，加速海洋科技创新成果转化。依托盐田区大百汇生命健康产业园，积极导入华海健康科技、华海种业等海洋生物科技项目。继续谋划推动大百汇产业园区提容扩建项目，鼓励支持大百汇园区通过提容新建符合药品质量生产规范（GMP）的厂房项目，为导入海洋药物（新型免疫增强型海洋小分子药物）项目提供适宜的研发生产载体空间落地保障。创新"双创赛"办赛模式，举办智慧港口物流赛。

海洋领域重点项目稳步推进。推动建设全域国际海洋城，深度融入全球高端产业链、供应链、价值链，突出开放性与国际化，推动建设全球航运与离岸贸易中心、海洋科技创新示范区、海洋经济国际合作先行区和国际滨海旅游目的地，为建设全球海洋中心城市贡献"盐田方案"，大力打造盐田新中心。综合考虑盐田资源禀赋和产业基础，全力打造集聚海洋经济总部、国际航运、海洋科技、海洋文化、海洋生态高端要素的盐田新中心，对标日本横滨 21 世纪未来港滨海城市综合体和南山后海中心，塑造能代表城市整体空间形象的标志性片区。大力推动"一中心三基地"建设。盐田区高度重视海洋体育发展，出台《盐田区以"体育+旅游"建设海洋体育"一中心三基地"行动方案（2020—2025 年）》，统筹推动"一中心三基地"建设。高端海洋赛事集聚，赛事训练基地初步建成，成功申办 2021 年全国翻波板锦标赛暨全国青年帆板锦标赛等国家级顶级赛事，因新冠肺炎疫情影响延期举办。推动"体教融合"，目前已与深圳大学及盐田、罗湖区 12 所中小学校签订了培训计划。延伸产业链，海洋体育运动产业基地成效初显，建立华南地区知名的海洋体育产业展会，连续举办八届全国最大的船艇及水上运动设备展、深圳文博会海洋分会场，成为国内外海洋体育产业重要交流平台。加快盐田港区东作业区集装箱码头工程建设。深圳港盐田港区东作业区集装箱码头工程是深圳"十三五"重大项目，是落实粤港澳大湾区基础设施互联互通规划的关键工程。项目计划 2025 上半年建成使用，包括一期工程、配套工程、支持系统工程、中东作业区连接通道工程 4 个子项目。其中，一期工程建设 20 万吨级专业集装箱泊位 3 个，岸线总长 1470 米，陆域面积达 120 公顷，年设计吞吐量达 300 万标箱，投资估算达 109.4 亿元，打造智慧港口示范工程。推动国际海事研究院落地。与深圳大学共建深圳大学国际海事研究院，从海事战略政策、海事国际规则、海事物流市场、海事服务发展、海事科技应用、海事环境安全等六大方面进行深入研究，全面加强海事研究，为辖区海洋政策制定、海洋事务管理、海洋产业发展等提供战略支撑。

三、南山区

2021 年，南山区海洋领域重点项目建设加快推进，完善落实《蛇口国际海洋城综合发展规划》《蛇口国际海洋城科技产业发展规划》《赤湾海洋科技产业园启动区详细规划设计》等规划和研究报告。

建设"圳智慧·5G 港城融合管理服务平台"项目。项目于 2022 年开工建设，应用新技术建设港城融合管理服务应用，有效提升港口智能化水平，探索港城融合管理及港口危险品堆区智慧化巡检应用示范。建设内容包括支撑系统、电脑端服务系统、可视化大屏决策系统、移动终端系统等应用系统开发及硬件设施建设。

建设深圳海洋电子信息产业研究院。设立海洋电子信息联合实验室、海洋电子信息产业化中心、专业孵化中心、技术团队引进部门等内部机构开展研究院运行所需的各项事务工作，并从数据收集、存储、交换等方面完善支撑，覆盖前期技术研发到后期成果转化应用全链条。

筹建中国船舶集团（深圳）海洋科技研究院。研究院重点围绕海洋科技发展方向，聚合中船集团内外创新资源，打造海洋科技创新创业与海洋高端装备集成创新平台、电子元器件特色贸易服务平台。围绕深海养殖及深加工、救援打捞配套系统设备和海洋经济设施监测等海洋高端装备集成创新，逐步培养深海养殖深加工、救援打捞配套系统、装备领域系统总体技术集成创新能力，并构建相关产业链和生态圈。

筹建赤湾海事博物馆。加快筹建海事博物馆，推进赤湾左炮台、天后宫、宋少帝陵等重点文物的保护和利用，建设赤湾文博圈。

推进蛇口渔港升级改造工程建设。项目主要建设内容包括复合渔港、跨海桥及两侧连廊、渔文化博物馆、园林景观等，其中景观设计范围包括现状渔港作业区、公共码头及周边的地面景观，以及滨海休闲带西段渔人码头段绿化景观。

建设渔人码头公共配套设施（一期）。项目位于深圳湾滨海休闲带西段 G1 段节点。工程内容包括地下通道及其附属工程、道路铺装、下沉广场、水、电、通信、燃气等安装工程。

建设妈湾跨海通道。妈湾跨海通道（月亮湾大道—沿江高速）工程位于深圳西部，南起于妈湾大道与月亮湾大道交叉处，终于宝安大铲湾片区沿江高速大铲湾收费站及金湾大道—西乡大道交叉口，工程北端与宝鹏通道相接（规划中），在现状大铲湾纬六路处与南坪快速西延段相接（规划中），工程路线全长约 8.05 公里。

四、宝安区

海洋科技创新能力稳步提升。2021 年，宝安区编制完成《宝安区落实"深圳市建设全球海洋中心城市"的行动方案（2020—2025 年）》。在海洋科学领域取得较大进展，宝安区的"化学品船智能液货系统开发""高技术船舶科研——船用配套设备智能集成与远程运维关键技术研究""智能船舶相关标准研究""舰载精密电子光学设备高性能隔振缓冲装置的关键技术研发"等 4 个项目为海洋科技专项（国家重点研发计划项目）。推动设立中国海洋大学深圳研究院，争取于2022 年实现实体化运作。

海洋领域重点项目加快建设。①深圳港宝安综合港区一期工程项目。项目位于深圳宝安福永街道深圳机场北侧，工程总占地面积为 86.4 公顷。后方物流园区占地面积为 59 公顷，包括前方作业地带、堆场区、仓库、生产及生活辅建区。南围堰弃土码头 4 个泊位已建设完成并投入运营使用，主航道已验收完成，港口作业区堆场、道路、房建及其他相应的配套工程正在建设中。②宝安滨海文化公园一期项目。宝安滨海文化公园是建设海洋中心城市重点项目，位于宝安区的中心绿轴内，着力打造"国际化滨海城市新坐标，世界级滨海湾区旅游地"。项目占地约 38 万平方米，涵盖占地 27 万平方米的海滨文化公园，高 128 米的"湾区之光"摩天轮，"湾区之声"演艺中心，建筑面积约为 12 万平方米的东岸、西岸亲海体验式商业街区，JW 万豪酒店光之翼以及建筑面积约为 8.8 万平方米的前海湾景资产海府一号等功能板块。公园已于 2020 年 8 月开园，配套的世界级摩天轮地标湾区之光（摩天轮）于 2021 年 4 月投入使用，湾区之声（深圳滨海演艺中心）于 2021 年 9 月首次正式对外演出。

图 2-8　深圳市"湾区之光"摩天轮正面图

图 2-9　深圳市"湾区之光"摩天轮侧面图

　　海洋产业项目招商工作进展顺利。围绕"全球海洋中心城市"的发展战略定位，积极对接中国船舶重工集团有限公司、中国海洋石油集团有限公司、中国国际海运集装箱（集团）股份有限公司、青岛海检集团有限公司等与海洋产业相关领域的龙头企业，成功推动震兑科技、烟台杰瑞、北京海兰信等优质项目落户。

五、大鹏新区

2021年，大鹏新区开展广东大亚湾水产资源省级自然保护区调整工作，以保障岭澳核电三期、海洋大学、深海科考中心、海洋博物馆等重大项目在海洋科研、海洋文化及国家能源建设等方面的用海需求，助力全球海洋中心城市建设。开展《大鹏新区国土空间生态修复规划研究》，初步完成坝光湾、龙岐湾和大鹏湾沿岸海岸带环境现状的实地踏勘工作。

海洋科技创新能力初显。创新驱动发展战略取得初步成效，在生命科学、医药、能源、海洋生态等领域形成较强竞争力。制定《南方海洋科学城大鹏承载区发展规划研究》。国家基因库、中国农科院深圳生物育种创新研究院、中国水产科学研究院南海水产研究所、广东海洋大学深圳研究院等科研平台建设成效显著，马歇尔生物医学工程实验室大鹏中心、岭南现代农业科学与技术实验室深圳分中心、乐土沃森生命科技中心等重大创新平台建设不断推进。连续两年举办深海科技创新发展论坛，支持和服务海洋类科技企业、科研机构、创新载体在新区发展壮大。

加快引进海洋企业。2021年，大鹏新区深入开展精准招商相关活动，加大招商引资工作力度。制定出台新区招商引资工作方案，成立重点产业招商领导小组以及工作专班，组织新区代表团多次赴北京、上海、南京、重庆、成都等地开展小型投资接洽活动。全年共筹划和举办招商推介活动28场，其中海洋类主题包括第二届深港澳海洋科普展活动、大鹏新区海洋生物产业交流峰会暨投资推介会、深海科技创新发展论坛活动方案。举办新区招商大会，促成国家级水上（海上）国民休闲运动中心等项目签订合作协议。

海洋领域企业扶持力度提升。根据《大鹏新区科技创新和产业发展专项资金管理办法》，2021年，大鹏新区科技创新与产业发展专项资金对海洋领域企业和科研机构进行扶持，为广东海洋大学深圳研究院、中国水产科学研究院南海水产研究所深圳试验基地、深圳华大海洋科技有限公司、当代海洋生物科技（深圳）有限公司等海洋领域企业和科研机构提供资金支持。

海洋领域重点项目进展顺利。①南澳码头工程（口岸）。项目位于南澳街道水头沙社区盆仔径，功能定位为客运码头、口岸通关、游艇和公务船靠泊、旅游集散、商务服务等。该项目纳入国家、广东省和深圳市"十四五"口岸规划重点项目，目前，已完成监理、勘察设计施工总承包（EPC）、方案设计（二次）、土地整备、场地平整等工作，加快开展海域论证报告、海洋环评论证等专项研究报审工作。②岭澳核电三期项目。该项目属于规划前期项目，位于大鹏办事处岭澳社区。2021年，项目列入《广东省保障电力供应行动方案

（2021—2023年）（征求意见稿）》《广东省生态文明建设"十四五"规划》等规划。目前，已完成可行性研究报告及选址阶段"两评报告"编制工作，启动现场与"四通一平"相关的方案策划、前期勘察、工程设计等基础工作。大湾区国际渔业（金枪鱼）交易体验中心项目。项目属于规划前期项目，位于葵涌办事处洋社区沙鱼涌港口区。项目用地范围已纳入"两个百平方公里级"产业空间范围。2021年，基本完成前期土地权属资料收集和历史情况分析工作，目前正在研究用地整备相关政策及其实施路径。

六、前海合作区

前海合作区充分发挥"双区"驱动、"双区"叠加、"双改"示范效应，加快建设现代海洋服务业集聚区，打造海洋科技创新高地。

打造海洋战略新兴产业科技园集聚区。积极与中集集团等海洋龙头企业密切联动，推动组建中国海洋科技集团。支持海洋工程总装研发设计国家工程实验室和智能海洋工程创新中心创新发展。出台《深圳前海深港现代服务业合作区管理局支持新型研发机构管理办法（试行）》，积极吸引香港城市大学海洋污染国家重点实验室在前海设立研发合作平台。构建海洋科技公共服务平台，与青岛海检、盐田港集团密切沟通，跟踪国家海洋高端装备公共服务平台筹建等相关工作。

加快建设海洋新城项目。深圳市海洋新兴产业基地（海洋新城）位于珠江口东岸，深圳大空港规划区西北部，毗邻深圳国际会展中心。海洋新城建设项目是深圳建设"全球海洋中心城市"的重大示范性项目之一。截至 2021 年 12 月底，项目累计形成陆域 5.3 平方公里，预计至 2023 年底将完成全部软基处理工作。

规划建设赤湾海洋科技产业区。通过引进海洋科技产业重点项目，打造赤湾海洋科技产业智慧产城标杆、深圳国家海洋中心城市的集中承载区和引领示范高地。

加快集聚海洋法律服务机构和人才。2021 年 2 月，深圳市委机构编制委员会批准深圳国际仲裁院加挂"粤港澳大湾区国际仲裁中心"牌子，并批准设立"深圳国际仲裁院海事仲裁中心"作为专业性分支机构，为境内外当事人提供公正、便捷、专业的海事纠纷解决服务，帮助航运、船舶等企业提升"走出去"能力和风险防范水平，打造中国海事纠纷仲裁高地。推动在前海检察院集中办理深圳涉海洋刑事、民事、行政、公益诉讼检察案件，构建海洋中心城市司法保护体系。

海洋领域资金支持力度增强。自《深圳市前海深港现代服务业合作区高端航运服务业专项扶持资金实施细则》印发以来，累计发放扶持资金约 2000 万元，扶持企业 25 家（其中港资企业 4 家）、海员 11600 余人，促进了前海航运业的发展。

七、深汕特别合作区

积极推动海洋政策研究。根据《深圳市深汕特别合作区2021年工作要点》中关于"打造海洋产业重要集聚区"的要求，在《深圳市深汕特别合作区国土空间总体规划（2020—2035年）》的基础上，开展深汕合作区海域规划研究。为加强深汕合作区海岸带的生态保护、合理利用海岸带空间资源、保证海岸带地区的可持续发展，开展《深汕合作区海岸带综合保护与利用规划》。开展合作区海洋经济发展规划研究，为合作区推动海洋经济高质量发展、积极融入粤港澳大湾区建设提供行动指南。

推进重大项目加快建设。目前合作区已引进抗风浪深水网箱养殖项目，计划建设海洋牧场，发展海上养殖。鲘门、小漠渔港升级改造工程加快推进，项目主要建设内容包括疏浚工程、码头修缮、岸堤修缮等。

提高海洋综合管理能力。理顺用海审批路径，健全合作区海洋自然资源管理体系，开展合作区海洋基础调查工作，为提升合作区海洋自然资源管理水平提供基础数据支撑。通过购买第三方技术服务等方式提升海洋管理综合能力，提升合作区自然资源业务应用体系和治理能力的现代化水平。完善海域管理制度，明确与合作区海域精细化管理相关的工作内容与重点任务，完善合作区海域海岛综合管理制度体系，以指导合作区海域海岛综合管理。

第四节　深圳市海洋产业空间发展情况

一、海洋产业布局情况

深圳积极构建海洋产业区域协同发展新格局，在空间布局方面，综合考虑临海片区海洋产业发展基础、产业空间与资源禀赋、发展潜力等因素，提出以深圳东西部海岸带为主轴，以福田区、盐田区、南山区、宝安区、大鹏新区、深汕特别合作区、前海合作区等为主要承载区，打造"一轴贯通、多区联动"海洋产业空间发展格局。以前海深港合作区扩区为契机，加快推进海洋新城、蛇口国际海洋城等重点片区建设，联动国内外海洋科技产业创新资源，构建集研发、设计、制造、交易、金融等于一体的完整产业链，探索设立海洋高新技术开发区和专业海洋产业园，培育壮大高端海洋工程和装备、海洋电子信息等海洋新兴产业。推进盐田临港产业带、坝光国际生物谷（食品谷）、新大龙岐湾等片区建设，形成以港口航运、海洋生物医药、海洋科教等为特色的东部海洋产业集聚区。推进深汕小漠港、海洋智慧港建设，打造深圳海洋高端研发制造产业拓展区。推进深惠在海工装备、海洋新能源等领域的战略合作，推进研发成果在深汕特别合作区、大亚湾等落地应用，打造"盐田—大鹏—大亚湾—深汕"东部向海发展走廊。

二、海洋产业园区发展情况

为促进海洋领域科技创新和高新技术产业集聚发展，培育海洋经济发展新优势、支撑全球海洋中心城市建设，深圳高度重视谋划海洋产业空间布局，打造了若干海洋新兴产业园区。

（1）赤湾海洋科技产业园

赤湾海洋科技产业园位于深圳市南山区赤湾七路，投资主体是中国南山开发（集团）股份有限公司。其中，项目启动区为由赤湾、赤湾五路、赤湾二路及赤湾一路所围合的区域。赤湾海洋科技产业园吸引了中国交通通信信息中心、纳百水下机器人、壹海洋等批量海洋产业优秀企业入驻。未来，园区将重点围绕深圳海洋工程技术研究院建设，形成海洋科技研究开发、海洋科技成果产业转化、海洋高端服务三大基地，打造以海洋科技产业为特色引领，以人工智能、物联网和智能制造为基础支撑，海洋文旅和创意设计融合发展的产业集群，建设集"研发、中试、轻型生产"功能为一体的创新产业空间。

（2）大铲湾蓝色未来科技园

大铲湾蓝色未来科技园位于宝安区大铲湾港区辅建区，高标准推进园区基础设施建设和产业空间打造，致力于打造具有较强行业竞争力和可持续发展动力的新型产业园。聚焦

"海洋+港航+科技"，重点发展以海洋电子信息产业、海洋智能装备为主的海洋新兴产业领域，培育发展海洋现代服务业，规划打造集港口、航运、科技、信息、商务、金融、总部等功能于一体的港园城融合都市核心区。

（3）中欧蓝色产业园

中欧蓝色产业园位于海洋新城中部区域，目前处于规划论证阶段。园区规划形成以海洋高端智能设备、海洋新能源、海洋电子信息（大数据）、海洋生态环保和海洋专业服务为主导的蓝色产业集群，探索"总部+基地"的一体化产业组织模式，打造以海洋企业国际总部、海洋研发服务、海洋科技金融、海洋事务治理等为特色的综合型海洋新兴产业集聚区。

（4）海力德海洋科技产业园

海力德海洋科技产业园位于深圳市宝安区铁仔路，项目投资主体是海力德油田技术开发有限公司。园区聚焦海洋油气工程服务、海工数字化行业和海洋检测行业，吸引了海检（深圳）有限公司等十余家企业入驻。

（5）前海智慧数科产业园

前海智慧数科产业园位于妈湾智慧港后方陆域 T101-0013 地块，目前处于规划论证阶段，项目投资主体拟为招商局港口集团。园区总体定位为国际智慧港城示范中心，拟重点吸引海洋经济、数字经济、先进制造业等战略性新兴产业集聚，促进新一代信息技术、高端装备制造成果的研发和转化，打造"港口+"产业生态。

（6）大百汇生命健康产业园

大百汇生命健康产业园位于盐田区沙头角深盐路，是盐田区重点打造的生命健康产业示范园区和产业转型升级示范项目，被评为首个"深圳市细胞与基因产业链专业园区"。该园区是深圳规模最大、专业化程度最高的生命健康产业园，聚焦分子诊断、基因检测、数据、健康服务、医疗人工智能、细胞诊疗、高端轻医疗服务等生命健康前沿领域。2021年，深圳华大海洋科技有限公司入驻大百汇生命健康产业园，建立海洋生物资源库、华大海洋研究院和华大海洋药物研究院，推动了海洋生物医药产业发展。

（7）深圳国际生物谷大鹏海洋生物产业园

深圳国际生物谷大鹏海洋生物产业园于2009年10月正式挂牌成立，是国家发改委批准的首批国家生物产业基地之一。目前一、二期已完成改造，三期改造初具规模，配套临海科研中试基地2万平方米。园区重点发展海洋生物资源的综合开发利用、海洋生物检测、海洋生态环境修复及海洋水产品深加工等产业领域。初步形成产业集聚效应，截至2021年底，已入驻企业及科研机构约60家，其中包括2个院士团队、4家重点大学科研院所及多家知名企业，研究所、重点实验室、产学研示范基地共十余个，获得知识产权项目数超120项。

图 2-10　国际生物谷大鹏海洋生物产业园

（8）深圳市现代渔业（种业）创新园

深圳市现代渔业（种业）创新园处于规划论证阶段。园区拟以渔业种业工程为主导，聚焦遗传育种技术、苗种生产技术、水产养殖技术和活性物质提取技术，布局渔业科技创新中心、渔业国际会议交流与休闲展示中心和水生野生动物救护中心，打造大湾区海洋渔业科研创新示范基地。

（9）深汕海洋智慧港

深汕海洋智慧港位于深汕合作区鲘门镇百安半岛入口处，以海洋科技产业与人工智能产业为核心，重点发展水下机器人、无人船、水声通信、深海传感器、海洋大数据及人工智能相关产业，规划打造深汕海洋智库、海洋科技企业总部基地、深汕海洋科研中心和海洋创新孵化中心。

（10）深汕南部临港产业园

深汕南部临港产业园位于深汕特别合作区小漠镇，园区依托小漠国际物流港和盐田港集团，正加快建设小漠港商贸物流园区起步项目——小漠港一期码头配套项目，重点发展临港物流、临港服务、智能网联汽车、海工装备、滨海旅游和海洋渔业。

第三章

海洋科技——嵌入全球海洋科创网络

第一节　海洋科技创新能力持续攀升

海洋科技创新能力增强。海洋科技奖项成果丰硕，中海油深圳分公司参与完成的海洋深水钻探井控关键技术与装备、海洋深水浅层钻井关键技术及工业化应用获得国家技术发明二等奖，为我国深水油气开发关键核心技术及装备自主可控奠定基础。南方科技大学、深圳大学、太阳高新技术（深圳）有限公司、华大海洋研究院等科研机构及企业参研项目在 2021 年度全国海洋科学技术奖中获得 2 项特等奖、1 项一等奖、2 项二等奖。华大海洋研究院项目"重要经济水产动物基因组学研究"获得 2021 年度深圳市科学技术奖，汇川技术、中广核、深圳澳华集团、深圳先进院等机构参研涉海项目获得 2021 年深圳市科技进步奖。

海洋关键领域技术取得新突破。依托深圳科研院所、企业，在海洋电子信息、海洋工程装备、海洋新材料、海洋生物等领域，突破了部分"卡脖子"的海洋关键技术。攻关船载智能终端、水下机器人等高端海洋电子设备技术，攻关深海水下通信技术、水下定位、导航等技术，攻关海洋生物医药、海洋功能食品等领域技术，取得了一批具有市场影响力、核心技术自主可控的重大科技成果，形成了一批海洋新产品。如深圳大学自然资源部海岸带地理环境监测重点实验室成功研发具有我国自主知识产权的实用型机载全波形蓝绿激光雷达海洋探测装备，实现了我国在机载单波段测深激光雷达研制领域的重要技术突破。汇川技术研制的海洋钻机电控变频系统顺利实现国产化应用，打破西方技术垄断，自主应用超过 20 套。中海北斗（深圳）实现导航、定位、授时、遥感、通信的高精度 PNTRC 技术和时空大数据技术在高精度导航与位置服务方面国产化替代。智慧海洋研发的 11000 米全海通信技术可为深海勘测和采矿提供技术支撑。

推进海洋科研机构加快落地。加快推动一批海洋科技平台落户，成功获批建设广东省智能海洋工程制造业创新中心，推动设立中国海洋大学深圳研究院，推进国家海洋生物资源技术创新中心等技术创新中心建设。按程序组建海洋大学，依托南方科技大学筹建，统筹海洋优质资源共建，目前已编制完成《深圳海洋大学筹建方案》。持续推进深海科考中心加快落地，推动制定深海科考中心组建方案。前海加快打造海洋战略性新兴产业科技园集聚区，目前前海与香港城大—深圳前海海洋污染创新研究院、海创孵化器公司等签订入驻意向协议。

研究建设海洋综合试验场。开展海洋综合试验场建设方案研究工作，推动划定特定海域用于产品海试，统筹建设海洋综合试验场，探索构建市场化运作机制，面向全国，引导高科技企业向海发展及在深聚集，推动涉海产品研制和产业化进程。

第二节　海洋科技创新载体逐步健全

初步构建"企业+高校"的海洋创新体系。深圳鼓励电子信息产业等各类优势创新主体向海发展，支持海洋电子信息、海洋工程装备等平台载体建设，已初步建立以产业为导向、以企业为主体、市场主导、政府引导、开放合作的海洋科技创新载体体系。截至 2021 年底，共有涉海创新载体 72个。其中，国家级载体 4 个、省级载体 22 个、市级载体 46个，基本涵盖海洋电子信息、海洋工程装备、海洋能源、海洋生物、海洋资源勘探、深海技术等海洋重点领域。

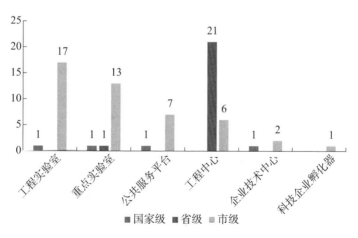

图 3-1　深圳市海洋创新载体级别分布情况

资料来源：课题组根据深圳市科技创新委员会提供的资料整理。

第三节　海洋科技资金引导作用增强

海洋科技扶持力度增强。深圳科技类支持基本实现了从基础研究、技术开发及攻关、公益性平台、创新型载体到成果产业化、科技金融支持的全链条覆盖。海洋科技作为深圳重点发展领域之一，不断加大扶持力度，逐步引导科技企业参与海洋科技研发，出台了《深圳市关于进一步促进科技成果产业化的若干措施》，通过整合现有零散支持政策，针对问题提出一揽子 38 条创新举措，政策覆盖海洋领域等各类战略性新兴产业。2021 年深圳市科技创新委资助 10 个涉海技术攻关面上项目。

表 3-1　2021 年涉海技术攻关面上项目清单

序号	所属领域	项目名称	资助单位
1	电子信息	重 2021098 沿海大型钢结构服役性态智能诊断系统研发	中冶建筑研究总院（深圳）有限公司
2	电子信息	重 2021110 面向海洋工程的无线光通信应用关键技术研发	深圳中集智能科技有限公司
3	电子信息	重 2021171 海洋物联网智能感知平台研发	南海西部石油油田服务（深圳）有限公司
4	电子信息	重 2021214 水下可穿戴计算平台关键技术研发	研祥智慧物联科技有限公司
5	生物医药	重 2021005 海洋几丁质水解酶的关键技术研发	深圳润康生态环境股份有限公司

续表

序号	所属领域	项目名称	资助单位
6	智能装备	重 2021229 新型无人化海洋立体空间观察作业系统研发	深圳市吉影科技有限公司
7	电子信息	重 2021230 水声通信与定位一体化系统研发	深圳市智慧海洋科技有限公司
8	智能装备	重 2021239 水下潜航机器人智能关节关键技术研发	深圳潜行创新科技有限公司
9	生物环境	重 2021148 非小细胞肺癌靶向治疗药物关键技术的研发	深圳华大海洋科技有限公司
10	生物环境	重 2021005 海洋几丁质水解酶的关键技术研发	深圳润康生态环境股份有限公司

资料来源：课题组根据深圳市科技创新委员会提供的资料整理。

海洋科技创新专项资金逐步完善。为全面提升海洋产业技术成果转化能力，加快扶持壮大海洋新兴产业，深圳市规划和自然资源局积极开展"十三五"海洋经济创新发展示范市建设及广东省海洋经济发展（海洋六大产业）专项资金项目推进工作。通过国家拨付的用于支持深圳海洋经济创新发展示范城市建设的奖励资金，积极鼓励符合条件的深圳企事业单位进行项目申报，截至 2021 年底，深圳共有 6 个海洋经济创新发展示范城市专项资金项目立项。鼓励深圳企业积极申报广东省级促进经济发展专项资金（海洋经济发展用途），2021 年深圳共有 7 个项目成功申报，累计申请省级专项资金9175 万元。围绕产业布局"以赛引才"，2021 年举办中国深圳创新创业大赛第五届国际赛，海洋经济行业赛为本届国际赛首次设置的行业赛，共有 11 个涉海项目参与。

表 3-2　深创赛涉海项目

序号	年度	项目名称	承担单位
1	2021	海洋原位旁压测试装置研制	深圳亚纳海洋科技有限公司
2	2021	基于区块链的海洋运输管理系统研发	深圳百纳维科技有限公司
3	2021	海洋硅藻赋能全生物降解材料	环鹏科技（深圳）有限公司
4	2021	海洋微生物菌剂研发及其在水环境治理中的应用	深圳清谷环境科技有限公司
5	2021	混凝土海洋浮岛	深圳市海上漂流科技有限公司
6	2021	智慧海洋监测预警	深圳市绿洲光生物技术有限公司
7	2021	"卫星海洋宽带+智慧渔港"产业互联网综合服务平台	深圳市星速时代信息科技有限公司
8	2021	具有增白及抗肿瘤功能的海洋小分子创新药 CMBT-001 的研发	深圳华大海洋科技有限公司
9	2021	鼎钛浮标式海洋信息实时监测系统	深圳市鼎钛海工装备有限公司
10	2021	港域及海洋智能水下机器人	中科探海（深圳）海洋科技有限责任公司
11	2021	"超高浓度"干细胞及海洋胶原蛋白原料的生产制造在药妆品和生物制品的应用	深圳阿尔法生物科技有限公司

资料来源：课题组根据深圳市科技创新委员会提供的资料整理。

第四节 海洋科研教育水平日益提升

一、海洋科研成果产出增加

清华大学深圳国际研究生院。清华大学深圳国际研究生院布局海洋工程、海洋装备、海洋信息、海洋资源与环境、海洋能源五大研究领域，近年来承担相关重要科研项目 100 余项，产出多项有影响力的科技成果。2021 年获批深圳市海洋智能感知与计算重点实验室，实验室包括四个功能实验室：自主航行器、新型传感器、海洋动力和智能决策。目前有海洋技术与工程、海洋能源工程、电气工程等研究生培养项目，在读硕士达 160 余人，为海洋学科和海洋产业发展输送一批优秀人才。2021 年，清华大学深圳国际研究生院承担的"深海关键技术与装备"重点专项，实现大规模多类型无人无缆潜水器组网作业，完成海上试验，参与组网观测与探测应用的潜水器平台种类和数量规模创国内外纪录。在可燃冰降压开采联合 CO_2 地质修复方面的研究获得新成果。获得第十届全国海洋航行器大赛特等奖。

南方科技大学。南方科技大学致力于在重大海洋科学与海洋工程领域开展研究。2021 年获批 13 项国家自然科学基金项目，资助金额共 617 万元。2021 年发表 SCI 论文 2173 篇，专利申请量为 636 项。海洋领域项目取得新突破，无人机阵列海水取样项目通过验收，填补了海洋科学在空间梯度多点位同时采样和短时间尺度连续采样高端装备的空白。在《自然》发文揭示转换断层处海洋地壳增生新机制，利用数值模拟揭示了转换断层处海洋地壳增生的新机制。积极参与国际海洋合作项目，引领实施"地球透镜—海洋（Earthscope-Oceans）"国际合作项目第三代计划，利用观测网络并结合全球陆地台站记录，首次获得地球内部结构的高精度图像，填补了全球大洋在地震观测方面的巨大空白。参与开展国际联合三维地震台阵海陆联测，在加深理解西太平洋俯冲系统流体熔融机制方面取得创新成果，为俯冲系统三维地震学研究海陆联合地震台阵探测提供示范。参与的"智利海沟国际联合考察航次"取得研究新进展，揭示了 8000 米深海沟沉积物有机碳来源。

深圳大学。深圳大学拥有广东省植物表观遗传学重点实验室、广东省海洋藻类生物工程技术研究中心、深圳市海洋生物资源与生态环境重点实验室、深圳市微生物基因工程重点实验室、深圳大学红树林湿地研究所、深圳大学植物生物技术研究所、人工智能与数字经济广东省实验室等一批科研平台，2021 年获批生物学一级学科博士学位授权点、生物与医药硕士专业授权点，实现了一级学科博士点"零"的突破。海洋科技领域成果突出，"莱茵衣藻外源基因表达系统的构建与应用"研究成果获中国发明协会 2021 年度发明创业奖创新奖二等奖。在生物技术领域国际顶级期刊 *Biotechnology Advances* 上发表题为 "*A review on the progress，challenges and prospects in commercializing microalgal fucoxanthin*" 的论文。深圳大学iGEM竞赛团队位列2021年国际基因工程机器大赛全球总决赛前十名。

中国科学院深圳先进技术研究院。中国科学院深圳先进技术研究院在新型海洋传感器仪器技术、海工平台技术、水下通信与探测、海洋环境监测与遥感、海底资源勘探、海洋生物和防腐材料等方面开展研究，并建设有"广东省海洋声光探测集成技术及装备工程技术研究中心""广东省海洋生物材料工程技术中心""深圳市海洋生物医用材料重点实验室""深圳市海洋声光探测技术及装备工程实验室""深圳海洋环境信息大数据分析与应用工程实验室"等一批科研平台。2021年，深圳先进院参与的国家级海洋科技重点专项"海洋生物化学常规要素在线监测仪器研制"项目通过验收。深圳先进院海洋原位观测仪器技术取得新突破，实现海洋原位高精度检测浮游生物。中科院深圳先进院搭载高功率脉冲震源（声源）的"知行号"混合动力波浪滑翔机进行海上测试，未来可用于水声研究、海底浅地层探测等领域。与厦门大学合作开展了CPT基防污涂料对原位传感器的防污效能海上试验，延长传感器的免维护周期。与翰宇药业共建"合成生物学与多肽药物联合研究中心"，推动合成生物学与多肽产业创新发展。筹建海洋科学与工程技术公共测试服务平台，将填补南方地区大型海洋研究测试平台空缺。举办 2021 年全国中青年微生物学者交叉论坛、南极磷虾生物制品开发及产业对接研讨会。成立"创新型人才培养研究中心",构建创新人才早期培养支撑体系。

广东海洋大学深圳研究院。广东海洋大学深圳研究院拥有"广东省新型研发机构""广东省水生动物健康评估工程技术研究中心""深圳海水经济动物种苗健康评价公共技术服务平台"等科技创新载体。承担南海海洋微生物调查项目,第一阶段(2018—2020 年)主要调查入海口海洋微生物;第二阶段(2021—2023 年)主要调查人和海洋动物致病微生物;第三阶段(2024—2026 年)形成常见海洋微生物的实时监测。完成生态环境损害赔偿替代性修复大鹏湾珊瑚种植工作及评估项目,未来将继续探索可复制可推广的特色生态环境损害赔偿制度。渔东伽与广东海洋大学深圳研究院产研学合作基地揭牌,为高科技人才培养提供平台。广东海洋大学深圳研究院作为广东省科普教育基地,举办 2021 年第二届全国珊瑚日活动,承办 2021 年广东省水生野生动物保护科普宣传月活动等公益活动,组织开展"野生救援""珊瑚礁普查""海洋微生物普查"等社会公益科普讲座,探索政府+科研机构+企业+社会公众的水生野生动物保护模式。在 *Nature Communications* 发表《南海海洋气象灾害预测预警及应急响应技术研究》论文,为海洋科学研究提供理论支撑。

大连海事大学深圳研究院。2021 年,大连海事大学深圳研究院重点发展海洋信息技术,开展"海上智能宽带通信计算一体化"项目，推动加快建立高带宽、低时延、高可靠的海上智能宽带通信计算一体化网络，实现海上通信计算一体化进程。制定规划，提出发展海上搜救及智能无人设备，开展海上协同搜救信息技术、智能无人船、无人机以及其他无人设备的关键技术研究以及搭建验证平台。

二、海洋人才政策不断优化升级

深圳实施产业发展与创新人才奖励政策，深圳从 2006 年起设立"深圳市产业发展与创新人才奖"，奖励范围包括海洋产业在内的战略性新兴产业、未来产业、现代服务业的高层管理人员以及具有一定规模的总部型企业的中层以上管理人员。制定海洋人才引进及补贴专项政策，印发《深圳市高端紧缺人才目录》，将海洋产业单独作为产业大类，涵盖海洋电子信息及高端海工装备制造、海洋资源开发利用、海洋生态保护、港航服务等海洋产业高端紧缺人才。印发《深圳市境外高端人才和紧缺人才 2020 年纳税年度个人所得税财政补贴申报指南》，补贴范围包括海洋产业在内的重点发展产业、重点领域中层以上管理人员、科研团队成员、技术技能骨干和优秀青年人才。充分利用中国国际人才交流大会等活动，鼓励全球海洋电子科技创新人才、团队来深创业。举办 2021深海科技创新发展论坛、未来海洋无人系统及产业发展论坛（2021）、2021 深海论坛等系列活动，会聚一批以海洋战略性新兴产业为重点的人才团队。

第四章

海洋生态文明——凸显"蓝色文化"城市软实力

深圳市（不含深汕特别合作区）海域主要由珠江口、深圳湾、大鹏湾、大亚湾组成，海域面积为1145平方公里。现行法定海岸线由广东省人民政府于2018年批准实施，深圳市大陆岸线总长260.5公里（不含深汕特别合作区），分为西部岸线和东部岸线，西部岸线自宝安东宝河口至福田深圳河口，东部岸线自盐田沙头角至大鹏坝光。其中自然岸线长100.4公里，人工岸线长160.1公里，自然岸线和人工岸线分别占总长度的38.54%和61.46%①。

表4-1 "三湾一口"详细情况

海湾单元	面积（km²）	岸线长度（km）	细分岸段	三级海湾
珠江口—深圳段	638	55.24	珠江口—宝安段	交椅湾（深圳部分）、前海湾、东湾、北湾、南湾、蕉坑湾
			珠江口—南山段	
深圳湾	82	40.72	深圳湾—南山段	赤湾、蛇口湾、后海湾
			深圳湾—福田段	

---

① 《深圳市警戒潮位核定技术报告（报批稿）》，国家海洋局南海预报中心。

续表

海湾单元	面积（km²）	岸线长度（km）	细分岸段	三级海湾
大鹏湾—深圳段	174	69.05	大鹏湾—盐田段	沙头角湾（深圳部分）、西山下湾、盐田湾、大梅沙湾、小梅沙湾、涌浪湾、溪涌湾、土洋湾、东厄湾、乌泥湾、叠福湾、螺仔湾、盆仔湾、南澳湾、畲下湾、横仔塘、大鹿湾、鹅公湾、公湾
			大鹏湾—大鹏段	
大亚湾	251	95.53	大亚湾—深圳段	白沙湾（深圳部分）、白芒湾、沙湾、薯苗塘、大鹏澳、大水坑湾、西涌湾

第一节　海洋生态环境保护取得新成效

一、加大近岸海域污染防治力度

2021 年，深圳积极贯彻落实《广东省 2021 年近岸海域污染防治工作方案》（粤环函〔2021〕433 号）的各项要求，加强重点入海河流污染治理，推进海洋生态修复，健全陆海统筹的海洋生态环境保护机制，提升海洋生态环境监管能力，全力推进我市近岸海域污染防治工作，实现西部海域水质稳重提升，无机氮同比下降 9.2%，东部海域保持水质优良。

　　加强陆源污染监管与治理。一是加强入海排污口监管。截至2021年底，我市有18个入海排污口已纳入备案管理，每月对其开展水质监测，2021全年达标排放。建立入海排放口定期巡查机制，实行每季一巡，形成"巡查—监测—溯源—整治"和"设置—备案—变更—销号"的两个闭环管理机制。2021年全年共开展巡查1900余次，水质监测1700余次，及时移送异常排放口给相关主管部门开展溯源整治，对整治完成的排放口进行现场核实。二是持续推进重点入海河流"降总氮"行动。通过增强水质净化厂总氮去除能力，严格管控污水入河，有效推动河流总氮浓度稳步下降。2021年，西部海域入海河流总体总氮浓度同比下降3.2%。三是提升入海河流监管能力。实施深圳河流、茅洲河通量与总氮监测，开展入海河流河口水闸自动调度系统建设方案研究，西部海域已安装水闸的重点入海河流根据自身情况特点，逐步加装视频监控，水质、水量等自动监控设施。持续开展物业管理进河道工作，落实河流水质科技管控。目前，已开展河道、暗涵及支汊流智慧监测控制站建设，构建区域智能监控系统，提升暗涵整治智慧化管理水平。

　　推进海水养殖污染治理。一是强化海水养殖废水监管力度。加强海水养殖监管力度，完成福海街道非法围海养殖清理。强化养殖排口的监管，完成我市（不含深汕特别合作区）海水养殖企业排污情况现状调查及养殖废水入海排放口溯源确权登记。二是推动水产养殖绿色发展。加强养殖投入品管理，严格控制环境激素类化学品污染。2021 年深圳市开展养殖水产品质量安全检测 35 批次，抽查企业 10 余家，检测结果均为合格。结合我市水产绿色健康养殖"五大行动"，推广深圳长茎葡萄蕨藻生态栽培、鱼藻共生种养等绿色生态健康养殖模式。

二、推动海洋生态系统保护修复

设置禁渔区，严格落实休渔制度，保护渔业种质资源。将深圳湾海域列为禁渔区，对鱼类资源进行科学保护。严格落实休渔制度，每年的海洋伏季休渔期从 5 月 1 日至 8 月 16 日，共 3 个半月。同时为了更好地保护珍稀鸟类，禁止一切形式的捕捞活动，使深圳湾海域能够为珍稀鸟类提供丰富的食物，并有效减少非法网具对鸟类的伤害，为珍稀鸟类提供一个良好的栖息环境。

积极开展增殖放流活动。近年来，在深圳湾海域举办大型渔业资源增殖放流活动，加大对渔业资源的养护力度。据统计，2019 年在深圳湾海域投放虾苗 150 万尾，鱼苗 30 万尾。2021 年在深圳湾内湾附近海域开展南山区渔业资源（中国鲎）增殖放流活动，共投放中国鲎 1026 只，通过开展增殖放流活动，有效维护深圳湾海域生态系统的平衡。深汕特别合作区举办了首届"生态修复增殖放流暨休渔放鱼日活动"，完成投放 60 万尾黑鲷鱼苗、350 万尾斑节对虾虾苗。2021 年

3月和8月分别移植造礁珊瑚97株和203株，存活率分别为85.57%和82.76%。

开展全市红树林保护修复专项行动任务。按照《广东省红树林保护修复行动计划（2020—2025年）》相关要求开展全市红树林保护修复专项行动任务，编制《深圳市红树林保护修复专项行动详细规划》《深圳河口红树林生态修复监测》，指导规范全市红树林保护修复专项行动并高质量完成相关任务，探索外来红树林修复技术标准和效果，提高全市红树林生态系统功能稳定性。持续推进华侨城国家湿地公园等重要湿地生态节点水质、鸟、植物等湿地因子的监测工作，为大湾区水鸟生态廊道建设提供科学依据。积极开展"国际湿地城市"创建前期工作。瞄准"国际湿地城市"目标着手启动创建前期工作。为进一步加大我市湿地资源保护工作力度，将《深圳市经济特区湿地保护条例》纳入我局立法计划、推动广东内伶仃福田国家级自然保护区申报拉姆萨尔国际重要湿地，完善湿地保护规划，提升湿地保护率，力争早日申报和创建"国际湿地城市"。制定湿地（红树林）占用、采伐审批管理办法，推动占用湿地和红树林占用采伐专项生态评价机制的建立和完善。

专栏 4-1   2021 年福田红树林自然保护区主要科研、监测工作成果

一是坚持开展保护区内生物多样性监测工作。对福田红树林鸟类、底栖动物、水质、水位等进行常规监测，同时对内伶仃岛猕猴、穿山甲等主要保护对象开展监测，在岛上布设红外相机 43 台，拍摄到中华穿山甲活动影像 12 次。GPS 追踪观察猕猴 39 只，涉及 9 个猴群。

二是开展福田红树林保护区基围鱼塘芦苇控制技术研究与示范项目。完成红树林 3、4 号鱼塘浅滩小岛翻耕及地形优化调整工作，在 3 号鱼塘安装液压式双控电力水闸，在 6 号鱼塘的芦苇塘引入一头水牛，探索生物控制法。

三是完成福田红树林鸟类自动监测和智能识别项目。安装现场实时视频监测系统，通过物种识别系统，对红树林片区的主要鸟类进行智能识别。

四是进一步推进深港密切合作。挂牌成立"大湾区红树林湿地研发中心"。立足于深港合作大背景，与香港都会大学、深圳大学三方秉持"开放、协同、共赢"的理念，签署了合作框架协议，希望共同提升大湾区红树林湿地研究工作水平。

发布全国首个城市生物多样性白皮书。2021 年 5 月 22 日，是国际生物多样性日，深圳市生态环境局主办了"发现生物之美"主题活动，并发布了中国首个城市生物多样性白皮书——《深圳市生物多样性白皮书》。该书从生态系统多样性、物种多样性，以及遗传多样性方面阐述深圳生物多样性的现状，并全面总结了深圳市生物多样性保护成效和工作举措。

三、完善海洋生态法律法规体系

施行《深圳经济特区生态环境保护条例》。《深圳经济特区生态环境保护条例》经深圳市第七届人民代表大会常务委员会第二次会议 2021 年 6 月 29 日通过，自 2021 年 9 月 1 日起施行。《深圳经济特区生态环境保护条例》作为我市生态环保领域基本法，将为我市生态环保工作提供全面系统的法治保障，有利于提高生态环保工作的法治化、系统化、科学化水平，在更高起点、更高层次、更高目标上推进深圳生态文明建设。为了健全海洋资源开发保护制度，深入推进海洋合理开发和可持续利用，全面提升海洋资源开发保护水平。《深圳经济特区生态环境保护条例》专门设置了"海域污染防治"一节，完善海域污染防治工作制度。一是对海域重点污染物实行排海总量控制，暂停审批超出重点污染物排海总量控制指标的相关建设项目环境影响评价文件；二是在明确新建、改建或者扩大入海排放口前，建设单位应当依法开展科学论证，编制论证报告，报市生态环境部门备案；三是对入海河流实行重点水污染物特别排放限值管理；四是完善海洋垃圾清理机制，明确职责划分；五是加强船舶污染物、废弃物接收和管理力度。

印发《深圳市入河（海）排放口管理暂行办法》。为细化落实《深圳经济特区生态环境保护条例》有关条款，先行探索符合深圳实际的入河（海）排放口管理方法，依据《中华人民共和国海洋环境保护法》等规定，深圳市生态环境局于 2021 年 12 月印发了《深圳市入河（海）排放口管理暂行办法》（以下简称《办法》），并于 2022 年 1 月施行。《办法》明确了"入河（海）排放口"的定义、具体范围，并对入河（海）排放口实施分类管理，有利于深圳建立权责清晰、监控到位、设置合理、管理规范的入河（海）排放口长效监管体系。

制定《深圳市生态环境保护"十四五"规划》。2021 年 12 月，深圳市政府印发了《深圳市生态环境保护"十四五"规划》（以下简称《规划》）。《规划》将海洋生态环境保护单列为一章，提出"坚持陆海统筹、系统治理，加大近岸海域污染防治力度，加强海洋生态保护，提升海洋生态环境风险防控能力，打造碧海银滩的亲海人居环境，助力深圳建设全球海洋中心城市"，为"十四五"期间深圳海洋生态环境保护制定了明确的目标和行动指南。

制定《深圳市"三线一单"生态环境分区管控方案》。2021 年 7 月，印发了《深圳市"三线一单"生态环境分区管控方案》（以下简称《方案》）。《方案》明确全市海域共划定 37 个管控单元，其中，优先保护单元 20 个，均位于海洋生态保护红线区；重点管控单元 9 个，包括工业与城镇用海区、港口航运区和保留区；一般管控单元 8 个，包括旅游休闲娱乐区和农渔业区。《方案》要求加大海洋环境保护力度。贯通陆海污染防治和生态保护，健全海洋生态环境修复机制，严格落实海洋"两空间内部一红线"制度，推进典型海洋生态系统保育和修复。建立陆海统筹的生态环境治理制度，加强陆域污染防治，推进入海河流总氮控制，建立入海排污口分类管理制度。

第二节 蓝色生活发展开创新局面

近年来，深圳按照《关于勇当海洋强国尖兵加快建设全球海洋中心城市的决定》和《关于勇当海洋强国尖兵加快建设全球海洋中心城市的实施方案（2020—2025 年）》的相关要求积极推动全球海洋中心城市建设，加快构建世界级绿色活力海岸带，为高质量推动具有海洋特色的城市建设奠定了良好基础。

一、滨海城区建设持续发力

深圳建设高品质滨海亲水空间。《深圳市国民经济和社会发展第十四个五年规划和二○三五年远景目标纲要》提出建设高品质滨海亲水空间。坚持陆海统筹、科学用海、亲海近海、城海互动，打造海城交融的西部创新活力湾区、中部都市亲海休闲活力区、东部山海生态度假区，构建世界级绿色活力海岸带。规范海域使用秩序，拓展亲水空间，贯通由公共岸线、滨海公园、文化设施等有机组成的滨海公共空间，构建优美连续的滨海慢行系统。推进蛇口渔港升级改造，建设深圳海洋博物馆、红树林博物馆等公共文化设施，打造海洋地标性建筑。

南山区加快建设世界级创新型滨海中心城区。围绕加快建成"世界级创新型滨海中心城区"宏伟目标，南山开展了《蛇口国际海洋城综合发展规划纲要》编制工作，大力推进蛇口国际海洋城空间规划与南山区国土空间分区规划衔接，谋划主导产业功能，挖掘潜力用地空间，为蛇口国际海洋城空间高质量发展赋能。蛇口国际海洋城片区是南山区高标准打造的"三大示范工程"和十大重点发展片区之一，规划占地面积为 13 平方公里，将以赤湾片区、太子湾片区、蛇口片区为主要承载区，通过融入深圳"大空港—前海—蛇口"西部海洋科技创新走廊，瞄准海洋科技、海洋经济、海洋文化、海洋生态、海洋治理等重点方向，创新政企合作模式，建设深圳海洋工程技术研究院、赤湾海洋科技园、海洋风情小镇，构建"一带三山四湾六区"协同发展新格局，打造深圳国家海洋中心城市的集中承载区和引领示范高地。

宝安全力打造国际一流滨海城区。《深圳市宝安区国民经济和社会发展第十四个五年规划和二〇三五年远景目标纲要》提出,宝安区将着眼国际一流滨海城区发展需要,坚持陆海统筹、科学用海、亲海近海、城海互动,打造海城交融的西部创新活力湾区。加强高品质滨海公共空间营造,结合红树林、基岩、人工岸线等不同岸线特质,因地制宜创造湿地小径、海滨广场、滨水绿道、沙滩漫步等多种形式的环海绿道。规划建设公共海洋文化设施,打造海洋文化新地标,推广海上体育运动。强化滨海公共岸线可达性,加强公共码头建设,推动将大小铲岛码头改扩建为公共码头,与全市其他公共客运码头共同构建海上巴士系统,探索开通"海上看宝安"线路可行性。

盐田积极推进全域国际海洋城建设。盐田向海发展优势独特,在制度创新和空间发展的双重潜力加持下,借鉴海洋新城和蛇口国际海洋城等地经验做法,聚焦海洋发展要素,提炼海洋强区发展策略,主动提出海洋发展主张,争取上升融入全市发展大策略、大环境、大平台,在全市发展格局中谋取一席之地,以市级平台优势强化政策倾斜、资源集聚,导入海洋发展优质产业链、项目集群。推动建设全域国际海洋城,以盐田 99 平方公里的空间为载体(包括 75 平方公里的陆域和 24 平方公里的海域),以服务全市战略、参与国际合作竞争为己任,深度融入全球高端产业链、供应链、价值链,突出开放性与国际化,推动建设全球航运与离岸贸易中心、海洋科技创新示范区、海洋经济国际合作先行区和国际滨海旅游目的地，为我市建设全球海洋中心城市贡献"盐田方案"。

大鹏新区加快打造全球海洋中心城市集中承载区。新区围绕海洋资源优势将构建"三城、三湾、一区、多点联动"的空间格局，强化海洋空间与陆地公共空间的协同融合，打造战略性新兴产业"一轴、一带、三湾"，形成"产、城、海"融合的空间格局。新区紧扣"全球海洋中心城市集中承载区"战略目标，向海而兴、向海图强。不断引进一批深海科技、生物医药等领域的重要平台、重大项目和核心企业，带动新区战略新兴产业，加快海洋生物、滨海旅游等特色海洋产业集群布局和发展，打造海洋生物科技创新高地。大力发展海洋基础科研、高等教育功能，重点推进海洋大学和国家深海科考中心建设，打造国家海洋基础科研领域战略平台，以科技成果转化带动海洋产业园区发展。

二、沙滩资源管理有法可依

沙滩是深圳重要的自然资源和市民滨海休闲空间。全市共有 50 个自然沙滩，分别位于盐田区和大鹏新区。为加强沙滩资源的保护，规范沙滩管理，打造高品质的滨海公共开放空间，满足社会公众对美好海洋生活的向往，市规划和自然资源局于 2021 年 12 月印发了《深圳市沙滩资源保护管理办法》。

《深圳市沙滩资源保护管理办法》将沙滩分为浴场型沙滩、休憩型沙滩和管控型沙滩三类：浴场型沙滩，是指沙滩所在海域水质条件、沙滩沙粒度、沙滩坡度等符合国家《海水浴场服务规范》等标准、规范，且沙滩滩面容量、后方陆域、交通可达性等条件满足浴场建设要求，可以用作海水浴场并可适当兼容观光休憩、海上活动等公共服务的沙滩；休憩型沙滩，是指根据沙滩现有环境资源、后方陆域条件、沙滩滩面容量等情况，可以开展观光休憩等非浴场类公共服务活动的沙滩；管控型沙滩，是指因生态保护、交通可达性不足以及国防、军事需要，或根据核电、油气等重大危险设施安全管控需要，实施有条件管控，不对外提供公共服务的沙滩。《深圳市沙滩资源保护管理办法》明确沙滩资源保护管理遵循保护优先、公共开放、分类利用的原则，禁止擅自侵占、破坏沙滩资源，禁止任何单位和个人私自圈占沙滩，除国防安全需要外，禁止在列入严格保护岸线内的沙滩建设永久性建筑物、构筑物，禁止建设毁坏沙滩的海岸工程等。为加强沙滩资源的保护，对不同沙滩类型制定了分类管理机制。

三、积极修复亲海亲水空间

在 2021 年生态环境部组织开展的"美丽海湾"优秀案例征集活动中，深圳大鹏湾成功入选"美丽海湾"提名案例。2021 年 11 月，广东省启动了第二届国土空间生态修复十大范例评选活动，经过评选，深圳市茅洲河生态修复综合治理项目（深圳光明段、宝安段，东莞滨海湾段）、深圳市大沙河生态长廊生态修复项目、深圳市大梅沙海滨公园整体生态修复工程项目等三个项目成功入选"广东省第二届国土空间生态修复十大范例"名单。深圳市茅洲河生态修复综合治理项目（深圳光明段、宝安段，东莞滨海湾段）。深圳、东莞两市坚持精准、科学、依法治污，实现了茅洲河的华丽蝶变，对重污染河流治理及推进生态环境治理体系和治理能力现代化具有重要的借鉴和启示意义。深圳市大沙河生态长廊生态修复项目。该项目于 2018 年 1 月开工，2019 年 10 月开放，建设范围从长岭陂水库泄洪口至大沙河入海口，全长约 13.70千米，总面积约为 95 万平方米。项目秉承以人为本、生态优先、绿色发展理念，通过水资源修复、生态栖息地营造、景观空间提升，改变了大沙河以往仅以城市排洪调蓄为主的功能性"渠道"用途，集城市景观、生态保护、水上文化和防洪安全于一体，风景宜人，生态宜居，美丽宜游，连通深圳湾滨海休闲带、深圳人才公园，成为深圳最美的景观河、最大的滨水慢行系统。深圳市大梅沙海滨公园整体生态修复工程项目。大梅沙海滨公园因受台风"山竹"的影响毁坏严重，对其整体重建。公园重建范围总占地 20.07 公顷，其中修复沙滩面积 11.50 公顷，滨海公园面积为 8.57 公顷，海岸线长度为 1.40 公里。目前项目已经全面施工完成，并对外开放。

四、精准防范海上安全风险

持续开展水上交通安全专项整治三年行动。2021 年，深圳海事局聚焦水上交通安全专项整治三年行动，重点开展了沙石运输专项整治、非法从事海上运输内河船舶治理、"商渔共治2021"、防范船舶碰撞桥梁等系列专项行动，在协同打击"三无"船舶等方面取得了良好成效。同时相继成立大鹏、盐田、南山、宝安区级水上交通安全委员会，重大涉海安全风险得到有效化解，确保了深圳水上交通安全的持续稳定。2021年深圳辖区水上交通安全形势持续保持稳定，水上交通事故发生率维持在0.038‰的低水平，救助遇险人员94人，水上人命救助成功率达100%。在水上交通日益繁忙的背景下，深圳辖区水域创下连续14年水上交通事故率低于0.04‰、一般等级及以上污染事故为零的安全纪录。

全面落实渔船安全整治系列行动。深圳市规划和自然资源局海洋综合执法支队系统推进全市渔船"不安全、不出海"专项行动、全市渔业船舶安全专项整治三年行动，各沿海区政府、街道、海洋综合执法、流渔办等部门各司其职，严格落实渔船6个100%规定，组织开展渔船安全检查835次，检查各类渔船3368艘次，整改安全隐患290处。继续实施渔船检管分离第三方服务，完成船舶检验628艘次。编制《渔业船舶安全检查指南》《深圳市海洋渔船跟帮编队生产管理暂行办法》《深圳市渔业船舶安全生产风险分级管控和隐患排查治理办法》等系列文件，全面落实各方主体责任、属地管理责任、行业监管责任。针对渔船"脱管""脱检""空挂""动态不明"等异常情况，编印《关于开展国内异常渔船清查整治行动工作方案》及相关工作指导性意见，组织摸排异常渔船底数，并逐步开展分析研判和清理整治工作，不断规范完善我市渔船监管工作。同时，支队组织开展"不安全、不出海"渔船安全应急演练活动及各类安全培训，培训渔民群众和一线执法人员 301 人次。支队渔船安全监管行动成效受到省农业农村厅督导组的充分肯定。在夯实渔船基础管理的基础上，支队与深圳海警部门签订《执法协作备忘录》，双方建立日常沟通对接、执法线索通报、案件移送、执法联动等多项协作机制，并组织开展商渔船防碰撞宣传和执法行动共 8 次，从源头上降低商渔船碰撞风险，维护辖全市海域通航环境安全畅通。

全力做好海上应急和台风防御工作。深圳市规划和自然资源局海洋综合执法支队组织防御"小熊""圆规"等 7 个直接影响我市的台风，召回海上作业渔船 3196 艘次，督促、协助辖区撤离渔排养殖人员 1114 人次，转移外来渔民上岸避风 139 人次，实现渔业防台"零死亡"。开展海上搜救工作 29 次，执法船艇 73 艘次。

第三节　海洋文化建设迈出新步伐

一、海洋文化设施加快建设

《深圳市文体旅游发展"十四五"规划》提出建设"新

时代十大文化设施"：包括深圳歌剧院、深圳改革开放展览馆、深圳创意设计馆、国深博物馆（暂定名）、深圳科技馆、深圳海洋博物馆、深圳自然博物馆、深圳美术馆新馆、深圳创新创意设计学院、深圳音乐学院，打造成为具有国际一流水平、代表城市形象的标志性设施。

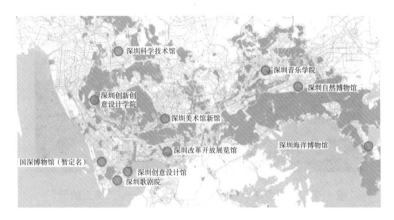

图 4-1　深圳市"新时代十大文化设施"落点图

深圳海洋博物馆作为全市重点建设的"新时代十大文化设施"之一，致力于打造成为深圳全球海洋中心城市的文化新地标。海洋博物馆选址大鹏新区新大片区，背靠七娘山，北朝龙岐湾，东临新大河湿地，拥有背山面海、临河拥湾的优越自然地理环境。海洋博物馆以"中国领先，世界一流"为目标，将被建设成为集收藏、研究、展示、科普等功能于一体的综合性海洋博物馆，打造成为海洋资源收藏展示中心、海洋文化教育中心、海洋科学研究中心，成为深圳全球海洋中心城市的文化新地标①。博物馆建筑方案设计国际竞赛结果已于 2021 年 3 月揭晓，有限会社 SANAA 事务所提交的"海上的云"设计方案摘得桂冠。

图 4-2　深圳海洋博物馆建议实施方案——"海上的云"

二、海洋文化活动推陈出新

开展 2021 年"6·8"世界海洋日暨全国海洋宣传日线上主题宣传周活动。以"扬帆起航　走向深蓝"为主题，开展为期一周的线上主题宣传活动，以系列电视专题片、活动录制节目、报纸专题报道、互联网图文、短视频推送、楼宇媒体立面灯光秀等形式将世界海洋日宣传内容覆盖深圳全媒体渠道。一是首播深圳全球海洋中心城市系列专题片《走向深

---

① 深圳海洋博物馆基本情况。

蓝》，从深圳海洋历史与开放、空间与资源、科技与陆海统筹、民生与幸福、国际合作与蓝色伙伴关系，以及全球海洋中心城市展望六个方面，首次全景式呈现深圳波澜壮阔地建设全球海洋中心城市的奋斗征程，深度解析深圳建设全球海洋中心城市的探索之路。二是活动录制电视节目，首播《第二届深圳（大学生）海洋知识竞赛》录制节目上下两集，传播海洋科普知识。三是报纸策划新闻专版，《深圳特区报》以"全球海洋中心城市是一座什么'城'"为题刊出新闻专版，畅想依托《深圳市海洋发展规划（2020—2035年）》，深圳建设全球海洋中心城市的美好蓝图；《深圳商报》以"科技'独角兽'纵横'海经济'"为题，宣介深圳海洋经济、海洋产业和涉海企业的发展新成果。四是策划楼体立面主题灯光秀，深圳地标建筑平安国际金融中心、京基100大厦、汉国中心、深圳湾1号、华润春笋大厦及宝安中心区联动楼宇媒体立面等，滚动播放世界海洋宣传标语和海洋主题灯光秀。

　　首届"盐田海洋图书奖"暨第十五届海洋文化论坛在灯塔图书馆正式启幕。盐田区作为海洋强市战略前沿阵地，高度重视海洋文化建设，持续挖掘、传播海洋文化，已经形成了海洋文化论坛、黄金海岸旅游节等滨海特色文化品牌。为进一步推动盐田区建成宜居、宜业、宜游现代化、国际化创新型滨海城区，扩大该区在海洋文化领域的先发优势，盐田推出我国首个系统专注于海洋类图书评选的图书大奖——

"盐田海洋图书奖",与"海洋文化论坛"一起,形成盐田海洋文化的品牌矩阵,全面提升盐田区海洋文化品牌的社会影响力和号召力。本届图书奖臻选有思想和远见、传播海洋文化、传递人文价值、彰显科学态度、普及海洋知识、推动中国海洋文化发展的杰出文献作品,与海洋文化论坛、黄金海岸旅游节等共同形成盐田海洋文化的品牌矩阵,为建构海洋强国理论、传播海洋文化、增强海洋强国自信贡献盐田力量。

三、海洋赛事活动丰富多样

"宝安杯"2021 深圳帆船邀请赛。2021 年 3 月,"宝安杯"2021 深圳帆船邀请赛在宝安滨海文化公园和西湾红树林公园周边海域开赛,54 支高水平船队 129 位参赛选手分为 4 组围绕最高荣誉展开角逐。"宝安杯"由宝安区文化广电旅游体育局主办,将最大限度地展示宝安区地处粤港澳大湾区核心地带、气候宜人、海岸线风光秀丽的优势,促进宝安区海洋文化传播,推广海洋知识,提升市民海洋意识。

中国家庭帆船赛。2021 年 11 月 13 日至 14 日,中国家庭帆船赛深圳站在深圳溪涌度假村开展(以下简称"家帆赛"),共 45 组家庭近 150 名选手参加比赛。家帆赛连续 3 年落地深圳,逐渐成为年度特色体育赛事。家帆赛由中国帆船帆板运动协会创办,是以家庭为参赛单位的全国性赛事,倡导健康生活理念、享受亲子互动时光。自 2018 年创办至今,家帆赛已经在 17 座城市举办了 35 站比赛。

粤港澳大湾区（深圳南山）帆船邀请赛。2021年粤港澳大湾区（深圳南山）帆船邀请赛旨在"以海为媒""以赛事为媒"，植根粤港澳大湾区，联动粤港澳人群，实现多行业联动、多领域合作、多角度展现、多层次渗透；提高区域与城市声望，培养帆船人才，发展相关产业，促进资源整合，打造以南山区为核心的国际休闲体育和海上运动湾区。

第五章

海洋开放合作——彰显全球海洋中心城市国际影响力

第一节　探索设立国际海洋开发银行

探索设立国际海洋开发银行，提升打造全球"四大金融中心"国际影响力。探索设立国际海洋开发银行，深化完善相关内容，鼓励发展海工装备和船舶融资租赁，加快发展航运、滨海旅游、海洋环境、海外投资等保险业务，鼓励发展海洋经济类证券指数等产品。

第二节　打造全球海洋高端智库

推动国际海事可持续发展中心、综合开发研究院（中国·深圳）前海分院等机构落户，筹划定期举办具有国际影响力的"湾区蓝色经济发展论坛"，加强同国外顶级海洋智库的合作交流，贡献中国方案。网罗全球海洋政策、经济、资源环境、技术、法律等领域的专家学者，为深圳海洋事业发展建言献策。

第三节　对接国际海洋制度标准体系

试点推进国际船舶登记制度改革。探索完善国际船舶登记制度，壮大"中国前海"国际船籍港登记船舶队伍。《深圳市深化国际船舶登记制度改革实施方案》已于 2021 年 6 月通过深圳市委深改委第二十二次会议审议，并正式印发。2021 年 9 月，中共中央、国务院发布《全面深化前海深港现代服务业合作区改革开放方案》，提出探索研究推进国际船舶登记和配套制度改革。依托国际海事履约研究机制，参与国际海事公约及规则制订，为 IUCN 基于自然的解决方案全球标准提供中国实践典型案例。

设立海事仲裁中心。2021 年初，深圳国际仲裁院以落实《深圳建设中国特色社会主义先行示范区综合改革试点首批授权事项清单》任务为契机，经中共深圳市委机构编制委员会批准，在"华南海仲"工作平台的基础上，设立"深圳国际仲裁院海事仲裁中心"作为专业性分支机构，进一步发挥国际化、专业化、市场化优势，为境内外当事人提供公正、便捷、专业的海事纠纷解决服务，帮助航运、船舶等企业提高"走出去"能力和风险防范水平，打造中国海事纠纷仲裁高地。"华南海仲"聘请最高人民法院及相关法院法官、境内外著名海事航运法律专家、知名海事律师等专家学者组成专家委员会，对国际化、专业化发展提供指导。目前《深圳国际仲裁院仲裁员名册》共有 934 名仲裁员，包括境外仲裁员共计 385 名，占比超过 41%，覆盖 77 个国家和地区。其中包括伦敦海事仲裁员协会（LMAA）两任前主席 Ian Gaunt 和 Clive Aston 等在内的来自英国、美国、加拿大、荷兰、中国香港等地顶尖的海事领域仲裁专家。

第四节　强化国际海洋展会合作平台

第二十届中国（深圳）国际海洋油气大会暨展览会（OC 2021）。OC2021 于 9 月在深圳胜利闭幕，会聚了超过 400 位海洋油气勘探开发行业领袖和专家，OC2021 展望了未来五年中国海洋油气上游行业如何应对行业能源转型、数字化转型和降本提效所面临的痛点和难点，需要应对的机遇和挑战。大会致力于推进行业同人的交流和深度人脉互动，聚焦探讨行业如何在质量、效益、规模和核心竞争力等方面实现新的跨越，完成油气增储上产和能源保障的重大目标。同时，在"双碳"目标背景下，大会重点关注绿色低碳发展和绿色脱碳科技，展示了海工科技和装备国产化科技自主创新的成功案例，推动了全产业链领域和国际层面的开放合作。

国际儿童海洋节。2021 年 5 月，第四届国际儿童海洋节在深圳宝安欢乐港湾启动。国际儿童海洋节的开展是为了契合深圳"全球海洋中心城市"和"儿童友好型城市",目的是推动提升儿童海洋教育意识,保障儿童亲近自然、亲近海洋的权利,培养儿童海洋环保意识,倡议儿童从小关心海洋、关注海洋、保护海洋。本届儿童海洋节以"爱海童行,从深出发"为主题,内容包含海洋嘉年华、中国环保帆船赛暨第五届"学生杯"帆船赛、"海语海"项目发布、粤港澳大湾区绘本绘画征集展览及深圳海洋小卫队出征净滩等。

第五节　推动建立国际港口城市海事管理合作交流机制

2021 年,深圳海事局精心组织筹办中国—东盟"液化天然气(LNG)船舶安全管理能力建设与合作"项目,来自中国及东盟 10 国近 50 名海事官员参加首期培训班,搭建起中国—东盟 LNG 船舶安全管理能力建设与合作机制,保障中国—东盟地区水域清洁能源运输安全,助力"一带一路"海上互联互通,并对推进深圳国际 LNG 枢纽港建设、推动建立国际港口城市海事管理合作交流机制起到积极作用。

此外,举办了第十一届"港口国监督(PSC)高层次研讨暨国际公约精讲"研讨会,邀请来自香港特别行政区海事处,澳门海事及水务局,广东、广西、海南海事局,利比里

亚船旗国，各船级社及航运公司等的航运界代表共同围绕提
升海事能力建设、优化海事服务质量、确保水上交通安全持
续稳定等议题开展研讨，为深圳市航运经济发展营造良好的
外部发展空间。

第六章

海洋综合管理——海洋事业改革创新走在前列

第一节 提升海洋综合治理能力 和信息化水平

一、打造船舶排放控制区监测监管示范工程

深圳率先打造船舶排放控制区示范工程，将船舶大气排放控制立体监测系统向深圳西部水域延伸，建设涵盖东、西部重点水域"空、陆、水"一体化的综合立体监测系统，并根据遥测设备监测情况持续完善排放控制监测监管信息平台，初步实现对进出港船舶大气排放的在线监测和疑似超标排放船舶的智能筛查，为海事实施精准执法提供技术支持。同时，成功推动项目纳入交通强国建设第三批试点任务，积极探索可复制推广的实践经验。

二、开展"商渔共治2021"专项工作

2021年，深圳海事局按照《交通运输部农业农村部关于印发〈"商渔共治2021"专项行动实施方案〉的通知》要求，

143

深化开展"商渔共治 2021"专项行动，围绕深圳湾蚝排清理等工作，切实强化与海洋综合执法部门联合执法，有效防范化解商渔船碰撞风险。一是以市水交安委会名义联合市安委会印发《全市水上运输和渔业船舶安全风险防控工作实施方案》，全面部署商渔船防碰撞相关工作。二是全面开展商渔船安全警示教育，组织商渔船防碰撞专题培训，加强商渔船防碰撞安全提醒信息发布力度。三是全面履行海事监管职责，强化重点水域现场巡航，强化商船船员履职能力检查，及时清理碍航蚝排。2021 年，深圳海事局共接到船舶报告或巡航发现碍航蚝排情况 5 起，同比下降 72%。

"商渔共治 2021"专项工作开展期间，深圳海事局与海洋综合执法部门在辖区渔船习惯航线、辖区重点水域开展联合巡航执法行动 35 次，查处违反定线制、碍航养殖（捕捞）、不正常值守、不正确显示号灯号型等违法行为 21 艘次，利用 VHF 对商渔船密集区、事故多发水域等开展信息播发 1380 次，覆盖船舶 741900 艘次，开展进"渔村"和商渔船船长面对面等活动 78 次，开展各类线上专题宣贯活动 13 次，覆盖 5000 余人次，有效保障了深圳辖区良好的通航环境和通航秩序。2021 年，深圳辖区未发生商渔船碰撞事故，商渔船水上交通安全形势保持稳定。

三、加强海洋综合执法监管

2021 年，深圳派出执法人员 2366 人次，检查海岸工程项目（不含陆基海水养殖）17个次，海水养殖项目180个次，入海排污口763个次，码头港口环境执法检查111个次。组织开展2021年深圳市近岸海域污染防治联合执法专项行动，形成联席会议制度。签订《深圳市生态环境局与深圳海警局执法协作配合办法》，强化海洋监管能力，加强跨部门配合协作。

组织开展"靖海""碧海"专项执法行动。针对海洋非法倾废监管难问题，组织开展"靖海""碧海"专项执法行动，开展了近岸海域污染防治和海上船舶无线电秩序管理整治联合行动，不断完善多部门协调配合机制，形成海洋环境保护执法合力。同时，印发《2021年西部海域海洋倾废执法监管方案》《加强海洋倾废监管工作的通知》，制定《深圳市海洋综合执法支队海洋倾废巡查执法制度》，派出中国海监9012船、中国渔政44103船轮流开展海上轮值，强化非法倾废监管，保护深圳海域海洋环境。

强化围填海、海沙开采和海岛保护监管。加强重大项目用海工程事前、事中、事后监管，充分运用海域动态监管系统技术支撑及无人机航拍等手段，对涉及非法用海的疑点疑区进行及时核查，并根据全市统一部署，在非法开采海沙、工程弃土海上外运领域开展为期一个月的专项整治工作，严厉打击"沙霸"、弃土海上外运垄断等涉黑涉恶行为。严格执行海岛巡查制度。全年检查重点用海项目近200次，责令拆除金水湾构筑物项目并恢复海域面积2.78公顷，专项检查抓斗船、耙吸船和运沙船 100 余次，登检各类采沙船近 200 艘次，查获非法采沙案件 1 宗，登岛及绕岛检查超 400 次，累计清理海岛垃圾约 3 吨，保质保量完成中央环保督察和海洋督察交办事项，报送核查处理材料 4 份，督察履职佐证材料 36 份。

组织开展"护渔""亮剑"等系列渔业执法专项行动。全力落实休禁渔执法管理，全面加强全市 1732 艘渔船管控，严厉打击越界非法捕捞行为。开展水生野生动物保护专项执法行动，2021 年共查获水生野生保护动物 19 只，包括国家一级重点保护动物暹罗鳄 1 只，国家二级重点保护动物大鲵 1 只、两爪鳖 3 只等。组织全市力量开展反走私反偷渡专项执法行动 464 次，查获并销毁走私冻品 200 公斤，查获涉嫌走私案件 1 宗、涉嫌偷渡案 2 宗，移交涉嫌人员 5 人。此外，专门指派中国渔政 44103 船前往粤东海域，联合福建省海洋与渔业综合执法总队、中国海警直属三局，依法打击跨界生产的外海区作业渔船和其他违规偷捕渔船。编制渔业船舶营运检验与发证等 22 项行政许可事项的网办规则、五表一图，实现了 22 项行政许可事项全流程网上办理，办理时限压缩比为 92.95%、即办率提升至 81.81%，全面提升了渔业从业人员办事的体验感和满意度。

组织开展巡航搜救执法活动。2021 年，深圳海事局共组织海巡艇开展海上巡逻 4151 次，巡航里程达 103150 海里，巡航时长为 8814 小时。创新动态监管机制，开展海空联动巡航执法，积极实施海空立体巡航监管模式，根据辖区海上安全形势的总体需求，结合巡航工作实际建设以船艇巡航为主导、空中巡航为辅助的海空立体巡航体系。与南海救助局开展空中巡航执法救助联合行动，累计飞行 3 小时，巡航里程近 200 海里（约 370 公里），充分发挥了专业救助飞行力量在巡航搜救业务中的作用。全年，深圳海事局共在深圳东部辖区实施无人机空中巡航 91 次，其中包含 26 次无人机—海巡艇执法联动；共组织开展了 8 次海上巡航搜救跨辖区联合训练，积极探索巡航搜救执法新模式，不断提升巡航搜救一体化水平。

第二节　提升海洋精细化管理水平

一、建立海洋空间规划体系

一是按照部、省要求完成海洋"两空间一红线"的试划工作，基本明确我市海洋开发利用空间、生态保护空间和海洋生态保护红线的空间布局，相关成果已纳入我市国土空间总体规划。二是推进海洋资源精细化管理，目前正在推进小梅沙、海洋新城、土洋官湖、金沙湾等重点海域详细规划的编制工作。完成赖氏洲岛详细规划，以及西部海岛群功能定位和策略研究，完成《无居民海岛保护利用标准与准则》。三是落实《深圳海岸带综合保护与利用规划（2018—2035）》，该规划对我市海岸带空间做了整体空间布局，同时为保障海岸带地区的生态安全和公共开放性，提出划定海岸带核心管控区，对建设项目实行严格管控。

二、强化海域精细化管理

一是积极推进海域管理法制化，《深圳经济特区海域使用管理条例》构建了我市海域管理的法制基础，为我市海域保护、使用和管理提供重要的法律支撑。配套制定出台了《深圳市申请批准使用海域目录》《深圳市海域使用权招标拍卖挂牌出让管理办法》《深圳市海域管理范围划定管理办法》等海域资源管理规范性文件，同时加快推进围填海项目海域使用权转换国有建设用地使用权管理规定、海域立体分层确权管理制度、涉海工程建设规划许可和竣工验收技术规范等一批政策制度的研究，全面提升我市海域法制化管理水平。二是印发实施《深圳市沙滩资源保护管理办法》，完善沙滩资源分类保护机制体制。三是保障机场三跑道改扩建、海滨大道一期、穗莞深城际轨道交通等重大民生工程用海审批，高效保障重大项目落地，完成海域使用金征收工作。四是严格落实国家围填海管控政策，积极推进围填海历史遗留问题处理，配合落实国家海洋督察和整改工作。五是完善海洋防灾减灾政策体系，编制《深圳市海洋自然灾害防灾减灾专项规划（2021—2025 年）》和《海浪、海啸海洋灾害风险评估区划及重点防御区划定》，积极统筹开展海洋灾害致灾及重点隐患的调查，提升我市抵御重大海洋灾害的综合能力。

三、海洋综合管理稳步推进

一是建造 3000 吨级海洋维权执法船，已于 2021 年完成了船舶详细设计工作，按程序推进建造招标工作。二是扎实推进蛇口渔港和小铲岛航道维护性疏浚工程项目，先后完成疏浚前测量、工程方案设计、抛泥物取样检测、项目招标工作。蛇口海监基地陆域工程建设和东部海上综合保障项目建设正在有序推进中，落实陆域配套用房需求。三是创新运用新技术新设备，协同推进海上应急管理平台系统顺利运行，建立执法船艇每日自查、船艇异常情况记录、船员管理和船艇应急演练等新功能，加强执法装备管理能力，实现案件数据信息共享。同时启动手机端船舶管理软件建设，初步实现平台端与移动端软件数据互联互通。大力引进近岸海域雷达监视系统、夜视仪、北斗导航、水上水下无人机、热成像设备等新一代信息技术和先进设备，不断提升海洋综合执法水平。

第三节　构建高效政策和战略体系

一、出台全球海洋中心城市系列文件

2018 年 10 月，深圳市委、市政府审议通过《关于勇当

海洋强国尖兵加快建设全球海洋中心城市的决定》和配套实施方案。2020年8月，出台《关于勇当海洋强国尖兵加快建设全球海洋中心城市的实施方案（2020—2025年）》，提出"聚焦海洋经济领域，实现海洋经济跨越式发展"，将海工装备产业、海洋电子信息产业、海洋生物医药产业等重点领域列入深圳市全球海洋中心城市建设重点发展产业中。

二、编制《深圳市海洋发展规划（2022—2035年）》

深圳市正组织编制的《深圳市海洋发展规划（2022—2035年）》，将作为未来建设全球海洋中心城市的重要纲领性规划，详细制定海洋发展总体目标、定位和原则，以及海洋经济发展策略，提出清晰的发展思路、评价体系、空间布局、管控要点和重点措施，在开展全球海洋治理、海洋创新发展、海洋经济、生态保护、防灾减灾、海洋文化、海洋科技、公共政策等方面规划出具有深圳特色的道路。

三、编制《深圳市促进海洋经济高质量发展的若干措施》

深圳市强化海洋经济创新发展政策制度保障，围绕支持产业高端资源集聚、支持海洋企业发展壮大、推动陆海优势产业融合、降低新产品试验成本、推进渔业高质量发展、对国家和省级项目给予奖励、保障产业项目用海、制定海洋领域地方标准、深化海洋领域职称评审改革、保障资金和完善流程等方面编制《深圳市促进海洋经济高质量发展的若干措施》专项政策，全力推进深圳海洋经济高质量发展。

四、编制《深圳市培育发展海洋产业集群行动计划（2022—2025 年）》

深圳市着力加强海洋产业集聚发展，编制《深圳市培育发展海洋产业集群行动计划（2022—2025 年）》，提出构建产业集群龙头企业和"隐形冠军"企业、拟招商引资国内外重点企业清单、产业集群重点项目清单、产业集群创新体系、产业集群政策工具包。

第七章

深圳海洋事业发展展望

第一节 产业强化，建设全球海洋中心城市

高质量培育发展海洋产业集群。加快建立海洋重点产业"链长制"工作机制，制定海洋重点产业链图谱，锻造我市海洋产业链、供应链长板。发挥龙头企业对重点产业链的引领带动作用，推动建设若干海洋产业特色鲜明的产业联盟。引导"链主"型企业联合上下游资源加强产业合作，提高海洋产业技术联合攻关的能力。以产业链为切入口和抓手，开展海洋产业招商引资工作。支持涉海龙头企业通过跨国并购、强强联合、专业化重组和战略合作等方式快速获取技术、品牌、专利等关键性竞争要素，加速构建海洋核心竞争力。

提高集群配套能力。探索建立海上试验场，集成海洋产业成果转化、育成、产品性能测试评估、设备检验认证等配套服务功能。吸取全球先进海洋特色园区经验，研究建设海洋特色产业园区。

推动《深圳市促进海洋经济高质量发展的若干措施》出台。促进海洋经济主体集聚发展，推动海洋技术攻关和成果

转化，支持海洋产业创新示范，打造友好海洋产业生态，精准施策推动海洋经济高质量发展。

打造海洋科创新引擎。针对我市海洋产业创新发展需求，加快推进海洋重大科技创新平台建设，构建高水平海洋科技创新体系。培育引进高等院校和新型研究机构，加快组建海洋大学，推动深圳大学、南方科技大学等高校建设具有特色优势的海洋学科。着力突破一批核心基础理论，实现前瞻性基础研究、引领性原创成果重大突破。促进海洋科技成果转移转化，建设国际一流的海洋科技成果转移转化示范基地。

第二节　项目驱动，提升海洋事业发展动能

围绕打造全球海洋中心城市，瞄准国际海洋前沿，重点推进一批重大海洋研发载体建设，强化蓝色属性和创新能力。加快深海科考中心、国际海洋开发银行、海洋大学、国家远洋渔业基地和国际金枪鱼交易中心、海洋博物馆等重点项目的建设进程。围绕海洋新兴产业，对接国家战略发展需要和国际海洋科技发展趋势，组织实施一批重大创新工程和项目，开展产学研协同攻关，突破产业链关键技术和核心部件，提升海洋事业发展动能。

第三节　湾区合作，构建海洋创新生态体系

发起湾区海洋科技产业创新计划。面向世界海洋科技前沿、海洋强国重大需求，以大科学装置为基础，以海洋共性技术研发圈为主体，借助创新网络，发起并参与海洋大型科技行动计划，聚焦海洋基础科学、海洋工业技术、海洋生态环保等共同的战略优先领域，重点帮助涉海科研人员实现科研设想，获得海洋科研上的新发现、突破及创新，促进海洋新技术从实验室到市场的转化。

建设大湾区海洋科技合作示范平台。充分发挥"港科技+深产业"的组合创新优势，进一步增强深港金融互补联动对科技产业的支撑力，集聚创新要素资源、培育创新创业生态、激发创新主体活力。围绕深潜器关键装备、深海传感器、水下无线通信系统等前沿产业领域，共建共享国际一流的海洋科技创新平台和海洋科研基础设施，支持海洋科技信息服务中心、科技产品展示中心和转化交易中心等科技公共平台的建设。

整合粤港澳海洋科技合作优势资源。探索制定大湾区海洋合作清单，鼓励湾区各地科研单位上报涉海科技优势技术，统筹开展海洋技术优势互补合作，形成海洋交叉技术合力。积极对接国家海洋战略需求，联合香港大学、香港科技大学、香港理工大学、香港城市大学等院所开展海洋污染、全球海

洋变化、深海科学、极地科学等基础科学研究，在若干重要领域跻身世界先进行列。

第四节　改革创新，争当海洋事业引路先锋

促进海洋治理现代化，理顺海洋发展体制机制，创新海洋资源、土地、资本、技术、人才等资源要素供给方式，增强创造海洋综合治理新观念和新制度的能力，推动有利于释放海洋新需求、创造新供给的机制体制创新，形成现代化海洋综合治理体系，支撑海洋高质量发展。

提高海洋资源保护利用水平，加快建设陆海统筹、开放创新的全球海洋中心城市。启动海域、沙滩资源调查工作，组织开展海域详细规划和深汕特别合作区海岸带规划，开展大鹏新区海岸带城市设计，进一步提升海洋空间精细化管理水平。打造多维度的"海洋+"平台，增加海洋公共文化载体，高标准规划建设海洋博物馆、红树林博物馆，持续举办"海洋周"文化活动，打造绿色活力海洋文化名城。

开展海洋经济立法研究。推动《深圳经济特区全球海洋中心城市建设条例》的出台进程，推进全球海洋中心城市建设法制化进程。继续完善《深圳经济特区海域使用条例》相关配套制度。深化海域空间资源立体化使用，探索制定《深圳市海域使用权立体分层管理办法》。夯实陆海统筹，研究出台《深圳市围填海造地转国有建设用地管理办法》。